Ma

Abigail Reyes Munguía

María Luisa Carrillo

Plantas medicinales de la Huasteca Potosina

María de los Angeles Martínez Martínez
Abigail Reyes Munguía
María Luisa Carrillo

Plantas medicinales de la Huasteca Potosina

Evaluación de la capacidad antioxidante y contenido fenólico

Editorial Académica Española

Impressum / Aviso legal

Bibliografische Information der Deutschen Nationalbibliothek: Die Deutsche Nationalbibliothek verzeichnet diese Publikation in der Deutschen Nationalbibliografie; detaillierte bibliografische Daten sind im Internet über http://dnb.d-nb.de abrufbar.
Alle in diesem Buch genannten Marken und Produktnamen unterliegen warenzeichen-, marken- oder patentrechtlichem Schutz bzw. sind Warenzeichen oder eingetragene Warenzeichen der jeweiligen Inhaber. Die Wiedergabe von Marken, Produktnamen, Gebrauchsnamen, Handelsnamen, Warenbezeichnungen u.s.w. in diesem Werk berechtigt auch ohne besondere Kennzeichnung nicht zu der Annahme, dass solche Namen im Sinne der Warenzeichen- und Markenschutzgesetzgebung als frei zu betrachten wären und daher von jedermann benutzt werden dürften.

Información bibliográfica de la Deutsche Nationalbibliothek: La Deutsche Nationalbibliothek clasifica esta publicación en la Deutsche Nationalbibliografie; los datos bibliográficos detallados están disponibles en internet en http://dnb.d-nb.de.
Todos los nombres de marcas y nombres de productos mencionados en este libro están sujetos a la protección de marca comercial, marca registrada o patentes y son marcas comerciales o marcas comerciales registradas de sus respectivos propietarios. La reproducción en esta obra de nombres de marcas, nombres de productos, nombres comunes, nombres comerciales, descripciones de productos, etc., incluso sin una indicación particular, de ninguna manera debe interpretarse como que estos nombres pueden ser considerados sin limitaciones en materia de marcas y legislación de protección de marcas y, por lo tanto, ser utilizados por cualquier persona.

Coverbild / Imagen de portada: www.ingimage.com

Verlag / Editorial:
Editorial Académica Española
ist ein Imprint der / es una marca de
AV Akademikerverlag GmbH & Co. KG
Heinrich-Böcking-Str. 6-8, 66121 Saarbrücken, Deutschland / Alemania
Email / Correo Electrónico: info@eae-publishing.com

Herstellung: siehe letzte Seite /
Publicado en: consulte la última página
ISBN: 978-3-659-07681-7

"Plantas medicinales de la Huasteca Potosina: Evaluación de la capacidad antioxidante y contenido fenólico"

María de los Ángeles Martínez Martínez
Abigail Reyes Munguía
María Luisa Carrillo Inungaray

ÍNDICE

LISTA DE FIGURAS

LISTA DE TABLAS

Página

ABREVIATURAS

DPPH	2, 2 difenil-1-pricrilhidracilo
EROS	Especies Reactivas de Oxígeno
FRAP	Análisis del poder reductor férrico/antioxidante
ORAC	Capacidad de absorbancia del radical de oxígeno
TRAP	*Total radical-trapping parameter*
ABTS	6-sulfonato-3-etilbenzotiazolina
D. O.	Densidad óptica
EAG	Equivalentes de ácido gálico
AOAC	Association of Official Analytical Chemists
RL	Radicales libres
ºC	Grados centígrados
HR	Humedad relativa
m.s.	Masa seca
m.f.	Masa fresca
b.s.	Base seca
b.h.	Base húmeda
ppm	partes por millón
OMS	Organización Mundial de la Salud
OPS	Organización Panamericana de la Salud

PRESENTACIÓN

Los objetivos de ésta investigación fueron evaluar la actividad antioxidante y el contenido fenólico de los extractos acuosos de *O. basilicum*, *H. patens* y *J. spicigera*. A través de la inhibición del radical estable DPPH· y la metodología de Folin-Ciocalteau, respectivamente.

Los extractos se elaboraron a diferentes tiempos de infusión (3, 5, 8, 10, 12, 15 y 30 minutos) empleando hojas frescas y secas de las plantas de estudio. A estos se les determinaron también, la intensidad de color, pH y contenido de sólidos solubles.

Los extractos secos que obtuvieron un contenido fenólico mayor siguieron el orden de: *O. basilicum* (2192.74 mg EAG/L) > *H patens* (963.16 mg EAG/L) > *J. spicigera* (442.71 mg EAG/L). Estos resultados se obtuvieron a 5 (*O. basilicum* y *H. patens*) y 8 (*J. spicigera*) minutos de infusión. En cambio, en los extractos frescos, *H patens*, fue la que reportó un contenido fenólico mayor (476.61 mg EAG/L), seguida de *J. spicigera* (394.12 mg EAG/L) y *O. basilicum* (167.30 mg EAG/L). Los datos anteriores se reportaron a 12, 8 y 15 minutos de infusión, respectivamente.

La mayor actividad antioxidante fue reportada por los extractos secos de *H. patens* (23.23 $D.O.^{-3}/min/mg_{m.s.}$), seguidos por *O. basilicum* (10.38 $D.O.^{-3}/min/mg_{m.s.}$) y *J. spicigera* (0.21 $D.O.^{-3}/min/mg_{m.s.}$). Por otro lado, los extractos frescos reportaron un actividad antioxidante de: 19.43 $D.O.^{-3}/min/mg_{m.f.}$, (*H. patens*), 6.90 $D.O.^{-3}/min/mg_{m.f.}$, (*O. basilicum*) y 6.59 $D.O.^{-3}/min/mg_{m.f.}$ (*J. spicigera*). Estos datos anteriores permiten inferir que las plantas analizadas son fuente natural de antioxidantes, lo cual permitirá sustituir la ingesta de antioxidantes sintéticos y por ende, elevar la calidad de vida de la población, al retardar los efectos ocasionados por el estrés oxidativo, como las enfermedades cardiovasculares, el cáncer y el envejecimiento.

1. INTRODUCCIÓN

Desde épocas remotas se ha hecho un uso extensivo de plantas medicinales, con la finalidad de aliviar dolencias y curar enfermedades, también para fortalecer las defensas del cuerpo, controlar la fisiología y las emociones de los consumidores (Albornoz, 1980).

Recientes investigaciones arrojan que en el mundo existe una vasta cantidad de plantas (310,000–422,000) entre las cuales, se encuentran géneros con propiedades interesantes para la investigación y el desarrollo de productos útiles para el ser humano (Pitman y Jorgensen, 2002). México, es sin duda, uno de los países con mayor biodiversidad en el mundo, concentra el 8% del total de especies vegetales (Montes *et al.*, 2000), la mayoría con propiedades medicinales. Sin embargo, se calcula que en el país, sólo se ha evaluado un porcentaje no mayor al 10% (Harvey, 2000).

Las plantas son fuente de innumerables recursos útiles para el desarrollo de la ciencia. Entre los cuales es posible mencionar a los compuestos fenólicos, mismos que han atraído la atención de los investigadores debido a sus propiedades antioxidantes, y a sus posibles beneficios en salud humana, como el tratamiento y la prevención del cáncer y las enfermedades cardiovasculares (Dueñas, 2009). Es por ello que, hoy en día, las plantas se han convertido en la base de diversas investigaciones, en las cuales se pretenden descubrir nuevas propiedades medicinales en distintas hierbas.

En la actualidad, se sabe que los compuestos fenólicos son los encargados de proporcionar la actividad antioxidante en plantas, así mismo, existe evidencia acerca del papel que desempeñan los antioxidantes en la prevención de diversas patologías (Letelier *et al.*, 2010). Sin embargo, la creciente oposición al empleo de antioxidantes sintéticos en la alimentación, ha dirigido las investigaciones a encontrar productos naturales con propiedades antioxidantes, que permitan disminuir y/o sustituir el uso de productos artificiales (Jaramillo *et al.*, 2010).

La actividad antioxidante de extractos acuosos de plantas no ha sido estudiada extensivamente (Einbon *et al.*, 2004), es por ello, en la presente investigación, se evaluó la capacidad antioxidante y el contenido fenólico de los extractos acuosos de albahaca (*Ocimum basilicum*), madura plátano (*Hamelia patens*) y mohuite (*Justicia spicigera*).

La capacidad antioxidante y el contenido fenólico fueron evaluados en infusiones acuosas, empleando el método de 2,2-difenil-1-pricrilhidracilo (DPPH) (Brand-Williams *et al.*, 1995) y la técnica de Folin-Ciocalteau (Singleton *et al.*, 1999), respectivamente. Los objetivos de la presente investigación fueron:

➢ Objetivo general:

Evaluar la actividad antioxidante de los extractos acuosos de las plantas medicinales conocidas como: albahaca (*Ocimum basilicum*), madura plátano (*Hamelia patens*) y mohuite (*Justicia spicigera*).

➢ Objetivos específicos:
  ➢ Cuantificar los polifenoles presentes en las hojas de las plantas.
  ➢ Conocer cuál es la planta que posee mayor contenido de polifenoles.
  ➢ Determinar el tiempo de infusión al que se obtiene la mejor actividad antioxidante de cada planta.
  ➢ Contrastar la actividad antioxidante y el contenido fenólico de las plantas después de someterlas a un proceso de secado.

2. REVISIÓN BIBLIOGRÁFICA

2.1. Plantas medicinales

Hoy en día, el uso de las plantas medicinales se ha vuelto parte esencial de nuestra vida cotidiana. De acuerdo a la Organización Panamericana de la Salud (OPS), una planta medicinal, es cualquier planta usada para aliviar, prevenir y/o curar alguna enfermedad, o en su caso, alterar un proceso fisiopatológico. Por esta razón, las plantas se emplean como fuente de fármacos (Rates, 2001).

La Organización Mundial de la Salud (OMS) define a las plantas medicinales como toda especie vegetal, de la cual, toda o una parte de la misma, está dotada de actividad farmacológica, y en base a esto, la OMS clasifica las plantas medicinales en:

➤ Plantas destinadas a la obtención de principios activos, y
➤ Plantas o parte de ellas usada en la obtención de extractos (Navarro, 2000).

Las plantas poseen un enorme reservorio de sustancias químicas, derivadas de su metabolismo, el cual se clasifica en metabolismo primario y metabolismo secundario. El primero está conformado por las sustancias que la célula vegetal necesita para realizar sus funciones básicas. En cambio, en el metabolismo secundario, son sintetizados compuestos no esenciales para el funcionamiento, por lo que éste, no participa en transformaciones bioquímicas, sin embargo, actúa como mecanismo de defensa, proporciona características organolépticas y otorga la actividad farmacológica propia de la planta (Cowan, 1999; Pahlow, 1985).

Los conocimientos en torno a las propiedades biológicas de las plantas medicinales, han sido transmitidos de generación en generación, haciendo posible en la actualidad y con los avances de la ciencia, conocer el mecanismo de acción de los compuestos químicos de origen vegetal y los efectos ocasionados por el uso y consumo de las partes aéreas de plantas curativas.

2.1.1. Albahaca (*Ocimum basilicum*)

Conocida como albacar, albahaca blanca o albahaca de castilla, la albahaca (*Ocimum basilicum*) es una hierba aromática originaria de la india (Vega *et al.*, 2010), pertenece a la familia *Lamiaceae*. La albahaca es una planta de crecimiento anual, la cual alcanza de 30 a 70 cm de altura. Se caracteriza por poseer tallos erectos y ramificados, de color verde. Sus hojas miden de 2 a 5 cm, son suaves, oblongas, opuestas, pecioladas, aovadas, lanceoladas y ligeramente dentadas. Las flores de la albahaca son blancas, dispuestas en espigas alargadas, asilares, en la parte superior del tallo o en los extremos de las ramas, lampiñas de color verde intenso con pequeñas flores blanco azuladas dispuestas en forma de largos ramilletes terminales. En la actualidad se reportan de 60 (Enciso, 2004) a 150 especies de *Ocimum* (Sánchez *et al.*, 2000), la gran mayoría con propiedades biológicas importantes (Mata, 2011), reconocidas ampliamente en el ámbito científico (Saccheti *et al.*, 2004).

Los géneros pertenecientes a la familia *Lamiaceae* (especialmente el género *Ocimum)*, son los más empleados en el mundo como fuente de especias y de extractos con propiedades antioxidantes y antimicrobianas (Saccheti *et al.*, 2004). Por lo anterior, el conocimiento de *Ocimum* a nivel mundial justifica en parte, la diversidad de usos y aplicaciones de la planta en la industria cosmética y de los alimentos (productos orales, licores), y en la rama de la medicina, además de su empleo ornamental. Lo anterior redunda en múltiples estudios científicos realizados a las especies vegetales de este género, a fin de conocer su composición química, las características agronómicas, y la actividad biológica (Murillo *et al.*, 2004).

2.1.1.1. Usos medicinales

La albahaca se ha usado ampliamente para aliviar afecciones estomacales (diarreas, parasitismo) (García *et al.*, 2000; Sánchez *et al.*, 2000), así como para otros desórdenes de tipo digestivo (cólicos, vómito, sofocación y empacho). También, es utilizada para tratar problemas ginecológicos como trastornos menstruales, casos de amenorrea y esterilidad femenina, así mismo, se utiliza para apresurar el parto, y aumentar la secreción de leche (García *et al.*, 2000). Existen incluso parteras que emplean esta planta en la elaboración de infusiones combinadas con otras hierbas, para propiciar abortos (Mata, 2011).

Ocimum basilicum, es también ampliamente utilizada en medicina tradicional para curar enfermedades respiratorias (catarro, bronquitis, tos), dolor de oídos y reumatismo

(García *et al.*, 2000). Tópicamente es usada en baños y cataplasmas para tratar afecciones de la piel (Cáseres, 1993).

Asimismo se le atribuyen propiedades antisépticas, antiinflamatorias, analgésicas, antiespasmódicas, carminativas y antihipocondriacas (Muñoz *et al.*, 2007b). Se ha comprobado *in vitro* su actividad antimicótica; el extracto acuoso es activo contra *S. aureus*; el aceite esencial es activo contra patógenos humanos como bacterias (*E. coli, P. auruginosa*), hongos (*C. albicans*) y hongos fitopatógenos (*Alternaria sp., P. digitatum*) entre otros (Sánchez *et al.*, 2000).

La albahaca se emplea además, en infecciones bucales y de la piel, afecciones de la vejiga, de los riñones y del cuero cabelludo, para granos, clavillos de la piel y caída del cabello, contra áscaris y picadura de alacrán.

Para el tratamiento de todos estos padecimientos la flor ha sido la parte más usada, y su cocimiento la forma de preparación comúnmente empleada. También se usan con gran frecuencia las ramas fermentadas en alcohol, infusiones acuosas de las hojas y la planta completa en cocimiento para dar baños calientes, como en casos de reumatismo crónico y tensión nerviosa (Mata, 2011).

En la actualidad, la albahaca es considerada en diferentes regiones del país como una planta sagrada. Es así, que los mayas emplean las hojas de esta planta para adornar y perfumar las velas y las tortillas que se ponen en los adoratorios, y para aromatizar y santificar el agua bendita que se tiene en la iglesia.

2.1.1.2. Composición química

Entre especies existen diversas razas químicas, y además el clima, el suelo y la época de cosecha influencian no sólo la cantidad, sino también la composición de los componentes químicos de las plantas.

El género *Ocimum* es un importante grupo de plantas aromáticas que contienen aceites esenciales (0.04 a 0.7%) ricos en diferentes constituyentes, como el estragol (65 a

85%), linalol (75%), cineol, eugenol (20%), acetato de linalilo, entre otros (Fonnegra *et al.*, 2007). Por tal motivo, la albahaca representa un inmenso valor para la industria de la cosmética y la perfumería, la alimentaria y la farmacéutica (Sánchez *et al.*, 2000).

De entre los aceites esenciales, el linalol (terpeno encontrado comúnmente en flores y plantas aromáticas) es ampliamente preferido en la industria de los productos aromáticos, debido a su olor mentolado característico. Otro componente importante es el eugenol, que pertenece a los alilbencenos y se caracteriza por ser un líquido oleoso amarillento (Vanaclocha y Cañigueral, 2003).

Las hojas de albahaca contienen flavonoides, erioditiol, camferol, quercetina y rutina, además de 2-vicenina, xantomicrol, y las cumarinas aesculín y aesculetin (Mata, 2011).

Así mismo, se han encontrado algunos monoterpenos como: ocimeno, geraniol y alcanfor. También se han caracterizado sesquiterpenos (bisaboleno, caryofileno) y fenilpropanoides (metil-eugenol) (Murillo *et al.*, 2004). Dichos compuestos están presentes en cantidades diferentes influenciando fuertemente el sabor de la albahaca (Muñoz *et al.*, 2007b).

2.1.2. Madura plátano (*Hamelia patens*)

La planta madura plátano (*Hamelia patens*) pertenece al género *Rubiaceae*. Se cree que es originaria de Estados Unidos de América (Stevens *et al.*, 2001). Sin embargo ha tenido un buen desarrollado en gran parte de la República Mexicana (Villaseñor y Espinosa, 1998). Madura plátano es conocida también como mazamora (Stevens *et al.*, 2001), hierba santa cimarrón, o coralillo. Es un arbusto de 3-6 m de altura, posee hojas opuestas sobre el tallo que miden de 5 a 15 cm de largo, puntiagudas y de base variable, al igual que los pecíolos (Alarcón, 1984). Presenta flores de color amarillo oscuro, anaranjado o rojo, el cáliz acampanado y terminado en 5 dientecillos triangulares muy pequeños; la corola largamente tubular y a veces cubierta con pelillos que pueden ser erguidos o reclinados. El fruto de *H. patens* es carnoso, de color rojo, tornando a color negro en su maduración. Con una longitud final de hasta 1.3 cm (Stevens *et al.*, 2001).

2.1.2.1. Usos medicinales

A pesar de ser una planta ornamental, *H. patens* es una importante planta medicinal, su uso va desde poseer cualidades antihemorrágicas y cicatrizantes. Además, se le atribuyen propiedades antiinflamatorias, analgésicas (Ríos y Aguilar, 2006), febrífugas, antimicrobianas y antifúngicas.

H. patens se ha empleado también contra dolores de cabeza, cáncer, diarrea, disentería, fiebre, ictericia, malaria, llagas (Gomez-Beloz *et al.*, 2003; Zamora *et al.*, 1999), entre otros. Además, se utiliza como antibiótico en el tratamiento de los procesos infecciosos, sobre todo en las áreas rurales, donde se aplican preparaciones obtenidas a base de plantas (Can, 2007). Así mismo, se ha reportado actividad antimicrobiana contra una variedad de microorganismos Gram positivos y Gram negativos (Ríos y Aguilar, 2006).

En algunas regiones de Cundinamarca se emplean las raíces de esta especie en decocción como diurético. Las hojas en decocción o en zumo son usadas como remedio contra la sarna en forma de baños o cataplasmas y para el dolor de cabeza, colocadas sobre la frente (Lopera y Velásquez, 2009).

Gomez-Beloz *et al.*, (2003) y Duke (2007) mencionan que *H. patens* es apropiada para curar erupciones en la piel, además que actúa como potente astringente y antiséptico.

2.1.2.2. Composición química

La familia *Rubiaceae* es una fuente primaria de productos naturales, medicinales y alucinógenos. Según estudios de quimiotaxonomía de alcaloides, se encontraron tres tipos estructurales de alcaloides: quinolínicos, isoquinolínicos e indólicos (Cáseres, 1993), estos últimos de mayor importancia. Entre los alcaloides indólicos se encuentran: isopteropodina pteropodina, y especiofilina, saponinas, esteroides y taninos en las hojas. La flor contiene flavonoides como apigenina, stigmast-4-en-3-diona y narirutina (Ríos y Aguilar, 2006).

En el estudio realizado por Lopera y Velásquez (2009), se identificaron algunos de los compuestos químicos de mayor importancia, presentes en hojas secas de *H. patens*. Siendo éstos: 24- metilenecicloartan-3ß-ol, 24-metilcicloart-24-en-3ß-ol, 2E-3, 7, 11, 15, 19-pentametil-2-eicosaen-1-ol, estigmasterol, ß-sitosterol, ácido ursólico, aricina, oxindol, ácido rotúndico y catequina. A demás, Chaudhuri (1991), identificó también, constituyentes químicos como: efedrina, ácido rosmárico y las flavonas: petunidina, malvidina, y narirutina; los alcaloides oxindólicos palmirina y rumberina, maruquina, isomaruquina y el alcaloide A, isopteropodina, pteropodina, speciofilina y los alcaloides indólicos tetrahidroalstonina y aricina.

2.1.3. Mohuite (*Justicia spicigera*)

Justicia spicigera es un arbusto perteneciente a la familia *Acanthaceae* (Sepúlveda *et al.*, 2009) y es originaria de México (Martínez, 1996). Se le conoce también como muicle, muitle, añil de piedra o hierba púrpura (Mata, 2011). Crece generalmente como arbusto ramificado de 1 a 1.5 m de altura (Martínez, 1992). Tiene la particularidad de que sus hojas son más largas que anchas y más o menos pecioladas con las venas muy marcadas. Las flores se encuentran agrupadas en la unión del tallo y la hoja y en la parte terminal de la planta, comúnmente de color anaranjado, pero algunas veces rojo pálido en forma de pequeños tubos que terminan rasgándose, formándose un labio. Los frutos son capsulares ovoides con 2 a 4 semillas (Martínez, 1992; Cevallos y Sergio, 1998).

2.1.3.1. Usos medicinales
Ponce *et al.*, (2001) demostraron la actividad antiparasitaria de extractos etanólicos de *J. spicigera* frente a *Giardia duodenalis*, uno de los parásitos más frecuente en México. Así mismo, se ha reportado acción insecticida contra la larva *Aedes aegypti*, causante del dengue (Chariandy *et al.*, 1999).

Cáceres *et al.*, (2001) reportaron, en extractos acuosos del muicle, la actividad citotóxica contra las células leucémicas humanas.

Las hojas y las ramas del mohuite se han usado ampliamente mediante infusiones para tratar problemas de la sangre en general, ya sea para purificarla, desintoxicarla, componerla, aumentarla o clarificarla (Márquez *et al.*, 1999). Se emplea también en casos de erisipela, sífilis, tumores o granos difíciles de curar, además, está indicada para la presión arterial (Mata, 2011).

El cocimiento de las hojas o ramas y en ocasiones de la flor, se ingiere para malestares relacionados con el aparato digestivo, como dolor de estómago, empacho, diarrea y disentería. De igual manera, se ha extendido su uso para tratar padecimientos femeninos como cólicos o dolores menstruales, así mismo como antidismenorreico y también, contra el cáncer de matriz (Mata, 2011).

El muicle es una de las plantas más utilizadas por las etnias de México como tónico sanguíneo, estimulante, antidisentérico, antipirético, antiespasmódico y antiinflamatorio (García et al., 2010).

2.1.3.2. Composición química

En la hoja del muicle se han detectado los flavonoides camferitrín y triramnósido de camferol. En retoños se encuentran los polifenoles conocidos como taninos (Mata, 2011). Domínguez et al. (1990) mencionan, entre los componentes más representativos de J. spicigera, a Kaempferitrin, O-sitosterol-3-β-glucósido alantoína, y criptoxantina. A demás de lo anterior, la planta produce polifenoles como: taninos, flavonoides y algunos fenoles simples, mismos que pudieran estar asociados a sus propiedades medicinales del mohuite (Martínez, 1996).

Euler y Alam, (1982) reportaron la presencia de alantoína (compuesto nitrogenado derivado de las purinas) en hojas de mohuite. Así también flavonoides como la Kaempferitrina y su bis-ramnósido Kaempferol, y terpenoides como el β-glucosil-O-sitosterol, y la criptoxantina (caroteno) (Domínguez et al., 1990).

Algunas especies del género *Justicia*, sintetizan diversos tipos de lignanos como la justicidina A y B, y las prostadilidinas A, B y C (Boluda et al., 2005).

2.2. Estrés oxidativo

Sin oxígeno, la vida sería imposible, tan indispensable es este elemento que todos los seres vivos lo utilizamos para obtener la mayor parte de la energía necesaria para realizar nuestras funciones de supervivencia. Sin embargo, no es factible usar altas tasas de oxígeno sin que éste dañe algunas moléculas vitales y genere el estrés oxidativo, propiciado por la producción excesiva de Especies de Oxígeno Reactivas (EROS) y radicales libres (RL), quienes juegan un papel central en la regulación del equilibrio homeostático (Ramos *et al.*, 2006).

El estrés o daño oxidativo es definido como la exposición de la materia viva, a las fuentes que producen la ruptura del equilibrio bioquímico que debe existir entre las sustancias o factores prooxidantes y los mecanismos antioxidantes encargados de eliminar dichas especies químicas (Ames *et al.*, 1993). Según Castañeda *et al.*, (2008) y López y Echeverri (2007) el estrés oxidativo aparece como consecuencia del envejecimiento, heridas, radiación, frío/calor extremos, presencia de patógenos, deshidratación, metales pesados (plomo, arsénico, etc.) y polución. El daño oxidativo, es entonces un mecanismo de defensa ante una circunstancia que atenta contra la vitalidad de la célula.

El daño oxidativo trae como consecuencia alteraciones de la relación estructura-función en cualquier órgano, sistema o grupo celular especializado. Por tal motivo, la dieta juega un papel importante en la prevención de enfermedades relacionadas con el estrés oxidativo, fundamentalmente a través del aporte de compuestos bioactivos de origen vegetal. Entre ellos, las vitaminas hidrosolubles y liposolubles, carotenoides y una gran variedad de compuestos fenólicos, cuya actividad antioxidante y potenciales efectos beneficiosos están siendo ampliamente investigados en los últimos años (Lampe, 1999; Prior, 2003).

2.2.1. Especies de oxígeno reactivas (EROS)

Se les conoce así, a todos los radicales y no radicales que son agentes oxidantes y/o son fácilmente convertidos a radicales libres (Gutteridge y Halliwell, 1999). Se estima que aproximadamente un 2 % del oxígeno consumido por un organismo normal va a la formación de especies reactivas del oxígeno (EROS) de las cuales varias son radicales libres (Chance *et al.*, 1979). Cuando la generación de EROS sobrepasa las numerosas barreras de defensa antioxidante del organismo, se produce daño por lesión química de las estructuras biológicas, lo cual ocasiona el estrés oxidativo, conllevando al desarrollo de estados patológicos (Gutteridge y Halliwell, 1999). En la Tabla 1 se resumen las principales EROS.

Tabla 1. Nomenclatura de las principales especies reactivas del oxígeno (EROS).

Radicales		No radicales	
Hidroxilo	OH	Peróxidos orgánicos	$ROOH$
Alcoxilo	RO^-	Oxígeno singlete	$^1O_2$
Hidroperoxilo	HOO^-	Peróxido de hidrógeno	H_2O_2
Superóxido	O_2^-	Ácido hipocloroso	$HClO$
Peroxilo	ROO^-	Ácido nitroso	HNO_2
Óxido nítrico	NO^-	Catión nitrilo	NO_2^+
Dióxido de nitrógeno	NO_2^-	Peroxinitrito	$ONOO^-$
		Ácido peroxinitroso	$ONOOH$
		Alquil peroxinitritos	$ROONO$
		Ozono	O_3
		Ácido hipobromoso	$HBrO$

Fuente: Halliwell B. y Whiteman M. 2004.

2.2.1.1. Radicales libres

El oxígeno empleado en el proceso de respiración celular produce, en las reacciones mitocondriales, moléculas o compuestos químicos sumamente reactivos, conocidos como radicales libres.

Los radicales libres son todas aquellas especies químicas, cargadas o no, que en su estructura atómica presentan un electrón desapareado o impar en el orbital externo. Esta condición otorga a los radicales libres, una configuración espacial que genera gran inestabilidad electroquímica y facilita su reactividad con las moléculas circundantes de las cuales, toman los electrones que necesitan para su estabilización, provocando así, reacciones en cadena (Murcia *et al.*, 2002). Y a pesar de que la vida media de los RL es de microsegundos, provocan daños irreversibles a moléculas, membranas y tejidos celulares (Avello y Suwalsky, 2006).

En los seres humanos, los radicales libres se producen como mecanismo de defensa ante agentes extraños, por acción de enzimas oxidantes (NADPH oxidasa, mieloperoxidasa, lipoxigenasa, etc.), durante la cadena de transporte electrónico, y en la interacción de las biomoléculas del organismo, (Expósito *et al.*, 2000; Turrens, 1994). Así, la formación de radicales libres resulta benéfica a bajas concentraciones, debido a que funcionan como mensajeros rédox (Circu, 2010) y como reguladores de la fisiología celular (Bailly *et al.*, 2008). Por otro lado, los RL participan en la síntesis de colágeno y prostaglandinas, activan enzimas de la membrana celular, y favorecen la quimiotaxis (Avello y Suwalsky, 2006).

La administración de fármacos así como llevar una alimentación deficiente, conducen también, a la formación de radicales libres (Venereo, 2002).

Sin embargo, la producción excesiva de RL, induce daños graves a los componentes celulares (Dineley *et al.*, 2005; Li *et al.*, 2009). Esto trae como consecuencia la aparición de diversas patologías (cataratas, displasias, infarto agudo al miocardio), algunas de carácter autoinmune (artritis reumatoide, esclerosis, leucemias).

Los principales RL son el radical hidroxilo (HO^-), peróxido de hidrógeno (H_2O_2), anión superóxido (O_2), oxígeno singlete ($^1O_2$) y nítrico (NO), peróxido (ROO^-) y el ozono (O_3). Vereneo (2002), los clasifica de la siguiente manera:

1. *Radicales libres inorgánicos o primarios:* originados por transferencia de electrones sobre el átomo de oxígeno, y se caracterizan por tener una vida media muy corta ((O_2), (HO^-), (NO)).
2. *Radicales libres orgánicos o secundarios*: se originan por la transferencia de un electrón de un radical primario a un átomo de una molécula orgánica (C, N, O y S) o por la reacción de dos radicales primarios entre sí.

3. *Intermediarios estables relacionados con los radicales libres del oxígeno*: incluye un grupo de especies químicas que sin ser radicales libres, son generadoras de estas sustancias o resultan de la reducción o metabolismo de ellas ($^1O_2$), (H_2O_2), (ROO^-), ácido hipocloroso, peroxinitrito, e hidroperóxidos orgánicos (Diplok, 1991).

Los RL son protagonistas de un sin número de enfermedades que provocan reacciones en cadena, reacciones que solo son eliminadas por la acción de otras moléculas opositoras a este proceso tóxico en el organismo, los llamados sistemas antioxidantes. Un primer grupo de estos trabaja sobre la cadena del radical inhibiendo los mecanismos de activación, mientras que un segundo grupo neutraliza la acción de los radicales libres ya formados, es decir, detiene la cadena de propagación (Céspedes y Sánchez, 2000).

Los sistemas antioxidantes evitan el estrés oxidativo, permitiendo al organismo, desarrollar mecanismos de defensa, mediante el origen de funciones biológicas como las actividades antimutagénica, anticancerígena y antienvejecimiento, dando como resultado lo que se conoce como actividad antioxidante (Martínez et al., 2002).

2.3. Actividad antioxidante

La actividad antioxidante es la capacidad para atrapar los radicales libres contenidos en el medio. Los antioxidantes actúan como moléculas suicidas al interactuar más rápidamente con las EROS, por lo que detienen la cadena de propagación impidiendo la oxidación de otras moléculas.

Un antioxidante es un compuesto químico que, hallándose presente a menor concentración respecto a la de un sustrato oxidable, retarda o previene significativamente, la oxidación del mismo (Sies, 1997; Halliwell y Gutteridge, 1999), protegiendo el sistema celular de los efectos perjudiciales que puedan causar una oxidación excesiva (Duthie et al., 2000). Por lo que al reaccionar el antioxidante con un radical libre, el primero cede un electrón, oxidándose a su vez y transformándose un radical libre no tóxico.

Para contrarrestar los efectos nocivos ocasionados por las especies reactivas, el organismo posee sus propios mecanismos de defensa antioxidante, integrados por sistemas enzimáticos y no enzimáticos.

Los sistemas antioxidantes, enzimático (endógenos) y no enzimático (exógenos), actúan dentro y fuera de las células, respectivamente. El sistema endógeno, se basa en un complejo enzimático de defensa que incluye a las enzimas superóxido dismutasa, catalasa, glutatión peroxidasa, tiorredoxina reductasa y glutatión reductasa, entre otras. En cambio, el sistema no enzimático o exógeno, está determinado por una serie de

23

compuestos llamados depuradores de radicales libres, tales como el glutatión, las ubiquinonas, los flavonoides, y las vitaminas A, E, y C (Venereo, 2002). Los sistemas de defensa antioxidante se reportan en la Tabla 2.

Tabla 2. Principales sistemas de defensa antioxidante del organismo.

SISTEMA	FUNCIÓN
Enzimas	
Superóxido dismutasa	Eliminación de radical O_2^-.
Catalasa	Eliminación de hidroperóxidos.
Glutatión peroxidasa (GPx)	Eliminación de hidroperóxidos.
Glutatión reductasa (GRed)	Reducción de glutatión oxidado.
Glutatión-s-transferasa (GST)	Eliminación de peróxidos lipídicos.
Metionina sulfóxido reductasa	Reparación de residuos oxidados de metionina.
Peroxidasa	Descomposición de H_2O_2 y peróxidos lipídicos.
Antioxidantes del plasma/suero	
Ácido úrico	Captador de $^1O_2$ y radicales libres.
Albúmina	Actividad peroxidasa en presencia de GSH.
Bilirrubina	Captación de radicales ROO^-.
Glutatión reducido (GSH)	Sustrato para GPx y GST y captador de RL.
Ubiquinol (Coenzima Q)	Captador de RL.
Antioxidantes de la dieta	
Ácido ascórbico	Reacción con O_2^-, $^1O_2$ y radical ROO^-.
Tocoferoles	Bloqueo de reacciones de peroxidación.
Carotenoides	Desactivación del $^1O_2$.
Compuestos fenólicos	Captación de RL y quelante de metales.

Fuente: Beckman y Ames 1998; Fang *et al.*, 2002 y Lee *et al.*, 2004.

En los últimos años se han demostrado los efectos benéficos del consumo de antioxidantes, no obstante el sistema de antioxidante no protege al organismo contra el daño oxidativo con un 100% de eficiencia, por tal motivo es necesario llevar una dieta que aporte suficientes nutrientes antioxidantes.

Lo anterior debido a que, diversas publicaciones demuestran la relación existente entre la presencia de algunas enfermedades, como las patologías cardiovasculares y el cáncer, con el estrés oxidativo. Dicha correlación se estableció con la elevación de marcadores de daño oxidativo y disminución de los niveles plasmáticos de antioxidantes, mismos que pueden ser modificados al aumentar la ingesta de antioxidantes (Meydani, 2001; Laurin *et al.*, 2004).

Estudios realizados en las últimas décadas demuestran la importancia de llevar una dieta con suplementos antioxidantes, Stampher *et al.*, (1993) por ejemplo, manifestó una disminución de la incidencia de enfermedades cardiovasculares en personas con suplementación antioxidante, donde las vitaminas E y el β caroteno disminuyeron el riesgo de accidentes.

Otro de las patologías que pueden controlarse mediante la suplementación y/o la fortificación de alimentos con micronutrientes antioxidantes, es el cáncer, a raíz de ello, la probabilidad de quimioprevención del cáncer podría convertirse en una estrategia efectiva para el control del mismo (Martínez *et al.*, 2001). Lo anterior se demuestra en investigaciones hechas por Malone (1991), Martínez *et al.*, (2001) y Murcia *et al.*, (2002), quienes aseguran que el consumo de alimentos ricos en vitaminas antioxidantes, como las frutas frescas y los vegetales verdes o amarillos encuentra asociado con menor riesgo de cáncer de estómago.

La complejidad de los productos naturales con capacidad antioxidante, constituye uno de los más grandes desafíos para los fitoquímicos, tanto en el aislamiento y elucidación estructural de principios activos como en el estudio de éstos en medios biológicos.

2.3.1. Actividad antioxidante de plantas

Las acciones nocivas ocasionadas por los radicales libres sobre el organismo han promovido la búsqueda de moléculas con propiedades antioxidantes, por lo que una amplia variedad de vegetales son altamente apreciados por su potencial terapéutico atribuido al contenido de compuestos conocidos como fitoquímicos bioactivos (Foster *et al.*, 2005). Muchas de estas sustancias se comportan como potenciales antioxidantes en estudios *in vitro* e *in vivo* (Valenzuela, 1999).

La actividad antioxidante de las plantas deriva de sus actividades metabólicas, y aunque se han identificado algunas sustancias simples como fenoles y derivados, los extractos de plantas completas, siguen formando parte de la vida cotidiana del ser humano (García *et al.*, 2010).

En un estudio reciente elaborado por Coinu *et al.*, (2007) se evaluó el efecto antioxidante (prueba de oxidación de las lipoproteínas de baja densidad - LDL) de los extractos etanólicos de brácteas de alcachofa contra los extractos etanólicos de las hojas, y encontró que la actividad antioxidante no se relaciona con la cantidad total de compuestos fenólicos presentes en las partes vegetales, por lo cual, el autor del trabajo asevera que la propiedad antioxidante no está en función de las concentraciones de los compuestos fenólicos por sí mismos, sino que, en el desarrollo de ésta, influyen también, otros factores como la interacción molecular.

Sin embargo, otros autores (Proestos *et al.*, 2005 y Castañeda *et al.*, 2008) manifiestan que existe una correlación lineal positiva entre el contenido fenólico y la capacidad antioxidante de las hierbas, es por ello que, aseguran que las hierbas son una buena fuente potencial de antioxidantes naturales. No obstante, es relevante mencionar que las preparaciones herbales difieren en cuanto al desarrollo de su capacidad antioxidante biológica, esa diferencia es debida a factores fisiológicos (variedad de especies, luz y grado de madurez) y tecnológicos (proceso de extracción y almacenaje) (Letelier *et al.*, 2009; Helyes y Lugasi, 2006).

2.3.2. Compuestos fenólicos

Los compuestos fenólicos o polifenoles constituyen uno de los grupos de metabolitos secundarios más numerosos y ubicuos de las plantas. Su contenido varía de acuerdo con la especie, la variedad, el tipo de cultivo, el estado de maduración, la estacionalidad y la región geográfica, entre otros factores. Los polifenoles son esenciales para su fisiología, ya que contribuyen a su morfología, crecimiento, y reproducción (Naczk y Shahidi, 2006).

Recientemente, los compuestos fenólicos o polifenoles han acaparado la atención de investigadores debido a sus propiedades antioxidantes y a sus posibles beneficios en salud humana como el tratamiento y prevención del cáncer y las enfermedades cardiovasculares (Dueñas 2009; Wollgast y Anklam, 2000).

Como compuestos fenólicos se identifican aquellas sustancias que poseen varias funciones fenol (hidroxibenceno) unidas a estructuras aromáticas o alifáticas. Los compuestos fenólicos son originados en las plantas como parte del metabolismo secundario, por lo general, actúan como fitoalexinas (mecanismo de defensa ante ataques fúngicos o bacterianos) además de proporcionar las características organolépticas y contribuir en la pigmentación de las plantas, en consecuencia, los compuestos fenólicos influyen en la calidad, aceptabilidad y estabilidad de las mismas, comportándose como colorantes, antioxidantes y proporcionando sabor (Gimeno, 2004).

Dentro de las características más importantes de los compuestos fenólicos se encuentran su hidrosolubilidad, además de poseer una masa molecular entre 500 y 3000 (Haslam, 1998) – 5000 (Yoshida et al., 2005). La estructura de los polifenoles presenta entre 12-16 grupos fenólicos y entre 5-7 anillos aromáticos por cada 1000 unidades de masa molecular relativa (Venereo, 2002).

Estudios recientes (Raybaudi-Massilia et al., 2006) indican que, los compuestos fenólicos y sus derivados presentes en plantas como el té verde y el té negro poseen propiedades protectoras contra el cáncer y enfermedades del corazón, por lo que su consumo en vegetales, frutas y té, reducen el riesgo de diversos tipos de cáncer en humanos.

En otro estudio se demostró que los isoflavonoides de la soja (genisteína) pueden tener efecto protector frente a diferentes tipos de cáncer (mama, colon y piel). Este hecho, se ha relacionado con el efecto estrogénico de los isoflavonoides, mediante diferentes mecanismos bioquímicos (Barnes, 1995; Herman et al., 1995). Por otro lado, Merz-Demlow et al. (1999) y Scheiber et al. (2001) han demostrado el papel protector de isoflavonas de la soja frente a la osteoporosis.

2.3.2.1. Biosíntesis de los compuestos fenólicos

Los polifenoles son productos secundarios del metabolismo de las plantas formados a partir de dos importantes rutas primarias: la ruta del shikimato (síntesis de la fenilalanina) y la ruta del acetato (Bravo, 1998). Tanto el ácido acético como el ácido shikímico provienen del metabolismo de la glucosa. El ácido acético en su forma activa acetil-CoA o posteriormente como malonil-CoA es el punto de partida de la síntesis de los ácidos grasos en la ruta primaria, pero también es el punto de partida en la ruta secundaria de la síntesis de los flavonoides. Los productos de la ruta primaria del shikimato son aminoácidos aromáticos (fenilalanina, tirosina) pero su degradación los introduce en la ruta del fenilpropanoico considerada como ruta secundaria, esencial en la supervivencia de las plantas terrestres (Rhodes, 1998).

Los compuestos fenólicos se originan a través de dos rutas biosintéticas (ruta del ácido sikímico y ruta poliquetídica) o bien por la conjugación de ambas rutas (biogénesis mixta):

1.- *Ruta del ácido sikímico*: conduce, mediante la síntesis de aminoácidos aromáticos (fenilalanina y tirosina), a la formación de ácidos cinámicos y sus derivados (fenoles sencillos, ácidos fenólicos, cumarinas, lignanos y derivados del fenilpropano).

2.- *Ruta poliquetídica o ruta de los poliacetatos*, da origen a quinonas, xantonas, orcinoles, entre otros.

3.- *Biogénesis mixta*: se producen los principios activos a través de rutas mixtas que combinan la vía del shikimato y del acetato, tal es el caso de los flavonoides (Carretero, 2000b; Braca, 2008).

2.3.2.2. Actividad biológica de los compuestos fenólicos

Desde un punto de vista bioquímico, los compuestos fenólicos son de especial interés debido a su potencial anticarcinógeno, ya que estimulan el bombeo de ciertos agentes cancerígenos hacia el exterior de las células o bien mediante la inducción de enzimas de detoxificación (Mazza, 2000). Otras propiedades biológicas atribuidas a los polifenoles se encuentran en la Tabla 3.

Tabla 3. Actividad biológica de los compuestos fenólicos.

Compuestos fenólicos	Propiedades
Fenoles simples	Antioxidante, antitumoral, antiviral, antibacteriana
Lignanos	Antitumoral, antiviral
Quinonas	Antitumoral, antiviral
Xantonas	Antitumoral, antiviral, antibacteriana, antiinflamatoria
Flavonoides	Antiinflamatoria, antibacteriana, antiviral, antioxidante, anticancerígena
Cumarinas	Anticoagulante, antitumoral, fotosensibilizante, antiviral

Fuente: Braca A. 2008.

Mediante experimentos *in vitro* e *in vivo*, se ha demostrado que los compuestos fenólicos protegen la oxidación de las lipoproteínas de baja densidad (LDL). Así mismo, previenen la trombosis mediante el mecanismo de inhibición de la AMP cíclico fosfodiesterasa (Meltzer y Malterud, 1997; Mazza, 2000). A demás se les atribuyen también, propiedades hepatoprotectoras (Kawada *et al.*, 1998).

Los compuestos fenólicos se consideran como reguladores del sistema inmune, debido a la modulación del metabolismo del ácido araquidónico. Así mismo, modulan la actividad enzimática de: ciclooxigenasa, fosfolipasa A2, hialuronidasa, mieloperoxidasa y xantinooxidasa, entre otras (Craig, 1999).

Se ha demostrado que los polifenoles poseen propiedades antioxidantes (Sichel *et al.*, 1991). No obstante, aún no se ha dilucidado cuál es la característica responsable de otorgar dicha propiedad. Se cree que la actividad antioxidante de los polifenoles se debe a la proximidad de los grupos hidroxilo (posición 3' y 4') y un doble enlace entre C2 y C3 conjugado con un grupo carbonilo en posición C4. Sin embargo algunos flavonoides son potentes antioxidantes y captadores de radicales aún sin tener esta estructura (Mathiesen *et al.*, 1995; Malterud, 1996). Por los que es posible, que la característica antioxidante de los compuestos fenólicos se deba a la reactividad del grupo fenol (Robbins, 2003; Duthie *et al.*, 2000).

2.3.3. Clasificación de los compuestos fenólicos

La Tabla 4 muestra la clasificación de los compuestos fenólicos de acuerdo a su estructura química (Murcia *et al.*, 2006). Los flavonoides son los polifenoles más abundantes del reino *Plantae*, (representan el 60%) (Strack, 1997).

Tabla 4. Clasificación de polifenoles y estructuras representativas.

GRUPO	SUBGRUPO	EJEMPLOS	ESQUELETO BASE
1. Fenoles y ácidos fenólicos	Fenoles sencillos Estirbenos Ácidos fenólicos	Hidroquinona, vainillina, alcohol salicílico Resveratrol Ác. Benzoico, ác. p-hidroxibenzoico Ác. gálico Ác. o-cumárico, ác. cafeico, eugenol Ác. clorogénico, cinarina Ác. Rosmarínico	C_6 C_6-C_2-C_6 C_6-C_1 C_6-C_3
2. Cumarinas	Sencillas C-prednilada Dicumarinas	Aesculetin Suberosina Dicumarol	C_6-C_3
3. Lignanos	Simples Ciclolignanos Flavanolignanos Lignina	Podofilotoxina, peltatinas Silibina, silidianina, silicristina, silimarina (n=9)	$(C_6$-$C_3)_2$ $(C_6$-$C_3)_n$
4. Flavonoides y compuestos relacionados	Flavonoles Flavanololes Flavonas Flavanonas Chalconas Isoflavoniodes Antocianidinas Catequinas Leucoantocianidinas	Quercina, kaempferol, miricetina Dihidroquercetina, dihidrokaempferol Nobiletina, diosmetina, apigenina Hesperidina, naringenina, eriocitrina Chalconaringenina, buteína Cianidina, Catequina, miricetina Delfinidina, cianidina, petunidina, malvidina Catequina Leucopelargonidina	C_6-C_3-C_6
5. Taninos	Taninos hidrolizables Taninos condensados	Galotaninos, elagitaninos Polímero flavánico, procianidina	$(C_6$-C_3-$C_6)_n$
6. Quinonas y antracenósidos	Benzoquinonas Naftoquinonas Antraquinonas Antraciclinona Oxantronas Antronas Dihidroantranoles	Plastoquinonas, ubiquinona (coenzima Q) Plumbagona, juglona, vitamina K Emodina, ác. carmínico, alizarina Tetraciclinas Aloína, crisaloína	C_6 C_6-C_4 C_6-C_2-C_6 C_6-C_3-C_3-C_6

Fuente: Murcia et al., 2006.

2.3.3.1. Fenoles simples y ácidos fenólicos

Consisten en un anillo fenólico sustituido. Son compuestos poco abundantes en la naturaleza y de escaso valor terapéutico. Los fenoles más importantes son la hidroquinona, localizada en algunas plantas medicinales pertenecientes a las familias *Ericaceae* y *Rosaceae* (Carretero, 2000c), el ácido cinámico y el ácido cafeico (representado en la Figura 1) siendo ambos, efectivos contra microorganismos. Estos compuestos se presentan con mayor frecuencia en forma de ésteres con ácidos carboxílicos o polioles, como moléculas de azúcares. Se cree que los sitios y números de grupos hidroxilo en el grupo fenol están relacionados con la toxicidad contra los microorganismos. El mecanismo de acción de los integrantes de este grupo se produce debido a una inhibición enzimática o no específica con las proteínas (Cowan, 1999).

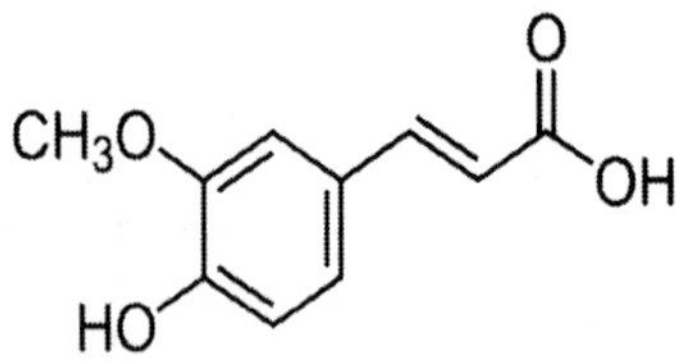

Figura 1. Derivados de los ácidos fenólicos (ácido cafeico).

2.3.3.2. Cumarinas

Sus aplicaciones son pocas, destaca como fotosensibilizante, anticoagulante y antitumoral, entre otras (Carretero, 2000a). Se les considera derivados de la lactona del ácido *o*-hidroxicinámico, usualmente llamada cumarina. (Cowan, 1999). En la Figura 2 se representa la estructura base de las cumarinas.

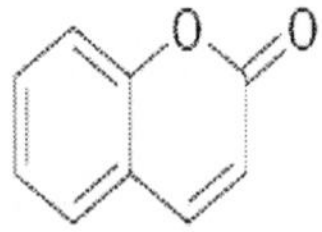

Figura 2. Estructura base de las cumarinas.

2.3.3.3. Lignanos

Los Lignanos, de naturaleza fenólica, se originan por la condensación de unidades fenilpropánicas, siendo éstas últimas, las determinantes de los diferentes tipos de lignanos (Carretero, 2000a). Dentro de sus aplicaciones destaca como antiviral y antitumoral (Dueñas, 2009). La Figura 3 esquematiza la estructura de diversos tipos de lignanos.

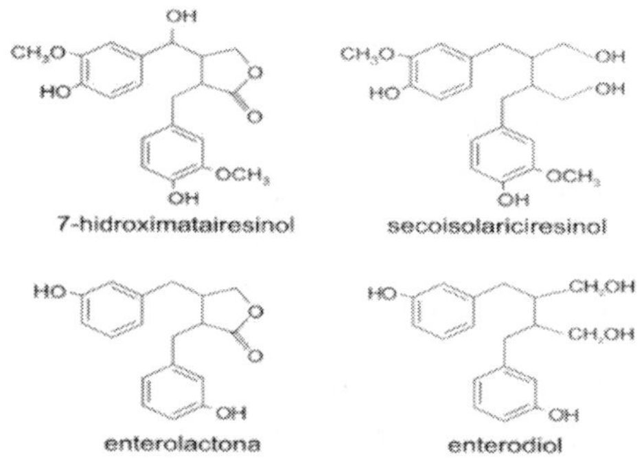

7-hidroximatairesinol   secoisolariciresinol

enterolactona   enterodiol

Figura 3. Estructura de lignanos.

2.3.3.4. Taninos

Los taninos desempeñan en las plantas determinada acción defensiva frente a los insectos. Químicamente se diferencian los taninos hidrolizables o hidrosolubles (pirogálicos: se hidrolizan en ácidos fenólicos o en azúcares) y los taninos condensados no hidrosolubles (taninos catéquicos y los leucoantocianos). La Figura 4 muestra la estructura de los taninos (polímeros de catequina). En general tienen una acción astringente (antidiarreico), antimicrobiana, antifúngica, inhibidora enzimática, curten la piel y como antídoto de alcaloides y metales pesados. Aunque su toxicidad es baja en principio, pueden ocasionar intolerancias gástricas y estreñimiento. El mecanismo de acción de los taninos está relacionado con su capacidad para inactivar adhesinas microbianas, enzimas, proteínas transportadoras en la célula, formar complejos con la pared celular, etc. (Cowan, 1999; Pahlow, 1985).

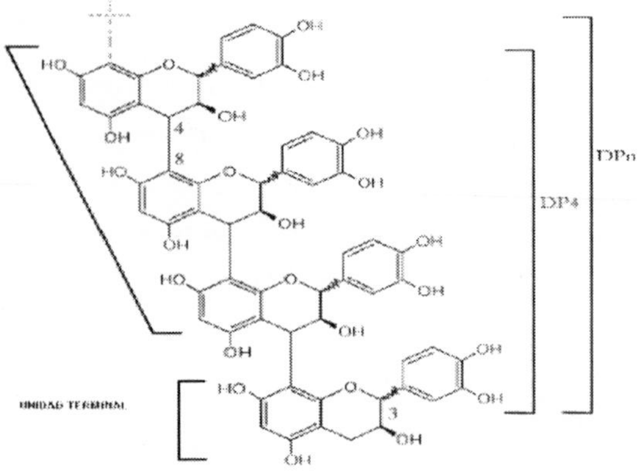

Figura 4. Taninos (Polímeros de catequina).

2.3.3.5. Quinonas

Las quinonas abundan en la naturaleza (se encuentran en plantas, hongos y bacterias), son dicetonas insaturadas (Figura 5), mismas por reducción se convierten en polifenoles, los cuales rápidamente se regeneran por oxidación. Su clasificación se facilita de acuerdo a su estructura mono, bi o tricíclica (Carretero, 2000c), Las antraquinonas constituyen el grupo más numeroso de las quinonas (Domínguez, 1973). Las quinonas además de proveer una fuente de radicales libres estables, forman un complejo irreversible con los aminoácidos en las proteínas, conduciendo a menudo a la inactivación de la proteína (Cowan, 1999).

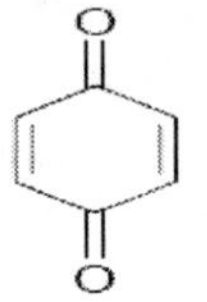

Figura 5. Estructura básica de las quinonas.

2.3.3.6. Flavonoides y compuestos relacionados

Los pigmentos vegetales conocidos como flavonoides, son compuestos de bajo peso molecular, formados por dos anillos fenólicos (A y B) ligados a través de un anillo C de pirano (heterocíclico) (Figura 6). Se sabe que son sintetizados por las plantas en respuesta a infecciones microbianas (Cowan, 1999). También funcionan como potentes antioxidantes de origen natural, poseen una alta capacidad de quelar hierro y otros metales de transición tales como Cu^{2+}, Zn^{2+}, debido a la presencia de grupos hidroxifenólicos. Sus propiedades anti-radicales libres actúan sobre el radical hidroxilo y superóxido (Dueñas, 2009). Entre otras de sus propiedades están el ejercer acción sobre la rotura anormal de los capilares en determinados trastornos cardiacos y circulatorios, así como acción antiespasmódica en el tracto digestivo (Cowan, 1999).

Los flavonoides son los compuestos fenólicos mejor estudiados (Palencia, 1999; Nijveltd, 2001). Protegen a los vegetales contra el daño de agentes oxidantes como los rayos UV, la polución ambiental, o el efecto de algunas sustancias químicas. En la Tabla 5 se reporta la ubicación de los flavonoides en algunos alimentos. Se agrupan en antocianinas, catequinas, citroflavonoides, antoxantinas, entre otros. Las antocianinas son responsables de proporcionar el color rojo, naranja, azul, púrpura o violeta característicos de la corteza de las frutas y las hortalizas (Gimeno, 2004). Las antoxantinas, que incluyen flavonoles, flavonas, e isoflavonas (Figura 7), son moléculas de colores que van desde el blanco hasta el amarillo (Palencia, 1999).

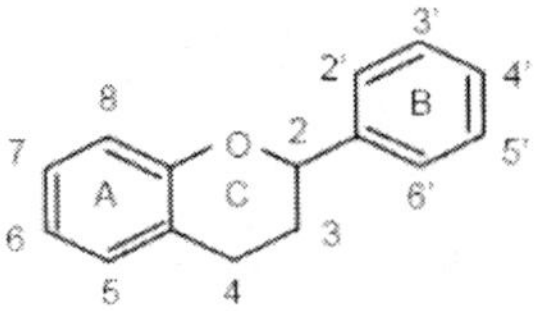

Flavonoide

Figura 6. Estructura base de los flavonoides y sistema de numeración.

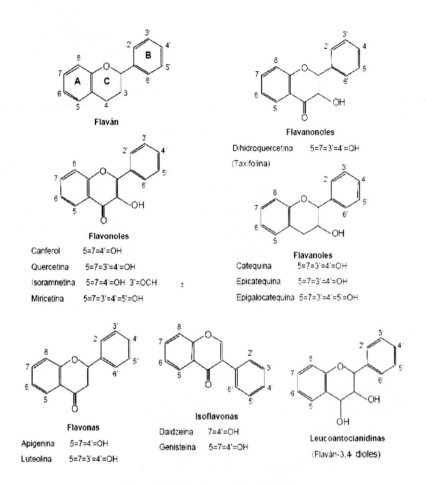

Figura 7. Ejemplos de flavonoides.

Algunos flavonoides como la procianidina B1 y el resveratrol presentes en extractos de semillas de uva y en el fruto, respectivamente, pueden aumentar la capacidad cerebral y la longevidad (Barnes, 1995).

Tabla 5. Ubicación de los flavonoides en algunos de los alimentos.

Flavonoides	Se encuentran en
Ácido elágico	Frutas (uva) y verduras
Antocinidinas	Cerezas
Catequina	Té negro y verde
Citroflavonoides	Sabor amargo de la naranja (naranjina), limón (limoneno)
Isoflavonoides	Soya, leche, porotos (genisteína y la daidzaína)
Kaemfenol	Brócoles, puerros, endibias, remolacha roja y rábanos.
Proantocianidinas	Semillas de uvas

Fuente: Dueñas R.J.C. 2009.

Martínez *et al.* (2002) menciona que dentro de las plantas, los flavonoides se encuentran ligadas a moléculas de carbohidratos, formando los glicósidos, y cuando se encuentran solas se las denomina agliconas flavonoides. Los glicósidos son más solubles en agua y menos reactivos frente a radicales libres que su aglicona o flavonoide respectivo.

Martínez (2003) asegura que los flavonoides con sustituyentes dihidroxílicos en posiciones 3´ y 4´ en el anillo B se muestran más activos como antioxidantes siendo este efecto, potenciado por la presencia de un doble enlace entre los carbonos 2 y 3, un grupo OH libre en la posición 3 y un grupo carbonilo en la posición 4. Además, las agliconas se muestran más potentes en sus acciones antilipoperoxidativas que sus correspondientes glicósidos.

Los flavonoides retiran oxígeno reactivo en forma de aniones superóxidos, radicales hidroxilos, hidroperóxidos y peróxidos lipídicos. Bloqueando la acción deletérea de estas sustancias sobre las células. La protección antioxidante de los flavonoides ha sido comprobada en: queratinocitos, fibroblastos dérmicos, endotelio, tejido nervioso y en lipoproteínas LDL (Martínez *et al.*, 2002).

Entre otras funciones de los flavonoides, se menciona que estos tienen efectos citostáticos en varios sistemas *in vitro*, y son capaces de regular procesos importantes en el desarrollo del cáncer, mediante la actividad antipromotora, el efecto antiinvasivo, y la inhibición enzimas como la tirosina proteinkinasa, ornitin decarboxilasa TPAdependiente y DNA topoisomerasa (Flores *et al.*, 2010).

Sin embargo, la función de los flavonoides que se lleva a cabo en mayor proporción, es la actividad antioxidante. Esto debido a que los flavonoides, además de atrapar a los radicales libres, también protegen de la oxidación de las LDL, quelan metales, protegen al ADN del daño oxidativo y por último, evitan la oxidación de las vitaminas E y C (Duthie *et al.*, 2000; Wollgast y Anklam, 2000; Ferguson, 2001; Valenzuela, 1999).

2.4. Métodos para cuantificar antioxidantes

Con el creciente interés de conocer la función y la diversidad de los antioxidantes en los alimentos, se han desarrollado varios métodos *in vitro* para la medición de la actividad antioxidante de alimentos, bebidas y muestras biológicas, basados en aspectos, tales como la reducción de metales (FRAP), la capacidad de captación de radicales peroxilo (ORAC y TRAP), de radicales hidroxilo (ensayo de la desoxirribosa), de radicales generados a partir de ciertas moléculas orgánicas (ABTS-2,2-azino-di-(3-etilbenzotialozine-sulfónico-) y DPPH· (2,2-difenil-1-picrilhidrazilo), la determinación de fenoles totales (Folín-Ciocalteau) en la cuantificación de productos generados durante la peroxidación lipídica (TBAR y oxidación de LDL), etc., (Pineda *et al.*, 1999).

Estos métodos se diferencian en relación a las condiciones experimentales y los principios de los ensayos, debido a las múltiples características de reacción y los mecanismos involucrados. Por lo general, ningún ensayo expresa con precisión la cantidad de antioxidantes. Por lo tanto, para esclarecer plenamente el perfil completo de la capacidad antioxidante, es necesario el diseño de diferentes ensayos (Kowaltowski *et al.*, 2009).

Kuskoski *et al.* (2005) mencionan que los métodos más aplicados son ABTS y DPPH·, debido a que ambos presentan una excelente estabilidad en ciertas condiciones, aunque también muestran diferencias. El DPPH· puede obtenerse directamente sin una preparación previa, mientras que el ABTS tiene que ser generado tras una reacción que puede ser química (dióxido de manganeso, persulfato potasio, ABAP), enzimática (peroxidasa, mioglobulina), o también eletroquímica. Con el ABTS se puede medir la actividad de compuestos de naturaleza hidrofílica y lipofílica, mientras que el DPPH· sólo puede disolverse en medio orgánico. El radical ABTS tiene, además, la ventaja de que su espectro presenta máximos de absorbancia a 414, 654, 754 y 815 nm en medio alcohólico, mientras que el DPPH· presenta un pico de absorbancia a 515 nm.

2.4.1. Actividad reductora del hierro férrico/poder antioxidante (FRAP)

Esta técnica fue desarrollada por Benzie y Strain (1996) como método para medir la capacidad antioxidante plasmática, aunque posteriormente se aplicó para muestras de alimentos. El método determina la capacidad de la muestra para reducir un complejo por hierro férrico con la molécula tripiridil-s-triazina (TPTZ) a su forma ferrosa. De este modo se genera una coloración de intensidad proporcional a la actividad reductora de la muestra, que puede cuantificarse por colorimetría en base a un patrón de hierro ferroso. La capacidad para reducir el hierro se considera un índice del poder antioxidante de la muestra.

El ensayo FRAP es sencillo y fácilmente automatizable. Es rápido, generalmente la reacción se completa entre 4 y 8 minutos. Sin embargo, en el caso de algunos polifenoles se han descrito reacciones más lentas, llegando incluso a requerir 30 minutos hasta completar la reducción del complejo. El poder reductor de los compuestos fenólicos se asocia con el número de grupos $^-$OH y en grado de conjugación de la molécula. Debido al potencial rédox del complejo Fe^{3+}-TPTZ (0.7 V), el ensayo FRAP detecta compuestos con un menor potencial rédox, por lo que se considera un método adecuado para evaluar la capacidad antioxidante de células y tejidos (Prior et al., 2005).

2.4.2. Capacidad antioxidante expresada en equivalentes Trolox (TEAC)

El ensayo TEAC o ensayo del ácido 2,2-azinobis-(3-etilbenzotioazolín-6-sulfónico) (ABTS) está basado en la captación por los antioxidantes del radical catión ABTS generado en el medio de reacción. Como patrón se emplea el ácido 6-hidroxi-2,5,7,8-tetrametil-cromán-2-carboxílico (Trólox), un análogo sintético hidrosoluble de la vitamina E.

El radical catión del ABTS posee una coloración verde-azulada con un máximo de absorción a 415 nm y una serie máximos secundarios de absorción a 645, 660, 734, 815 y 820 nm (Sánchez-Moreno, 2002). Dependiendo de la variante del método TEAC utilizada se emplean distintas longitudes de onda, aunque las más frecuentes son 415 y 734 nm

(Prior *et al.*, 2005). Para el desarrollo del método se suelen emplear dos estrategias; inhibición y decoloración. En la primera los antioxidantes se añaden previamente a la generación del radical ABTS y lo que se determina es la inhibición de la formación del radical, que se traduce en un retraso en la aparición de la coloración verde-azulada. En la segunda estrategia, los antioxidantes se añaden una vez el ABTS se ha formado y se determina entonces la disminución de la absorbancia debida a la reducción del radical, es decir la decoloración de este (Sánchez-Moreno 2002). El ensayo TEAC presenta además variaciones en el modo mediante el cual se genera el radical catión ABTS (generación por reacciones enzimáticas y generación por reacciones químicas) (Schlesier *et al.*, 2002; Prior *et al.*, 2005).

El ensayo ABTS es un método ampliamente utilizado en ensayos clínicos, al ser un método rápido, sencillo y automatizable. Además, el ABTS es soluble en solventes acuosos y orgánicos, lo cual lo hace un método apto para determinar la capacidad antioxidante hidrofílica y lipofílica de extractos y fluidos biológicos (Schlesier *et al.*, 2002; Prior *et al.*, 2005).

2.4.3. Captura del radical 2,2-difenil-1-picrilhidracilo (DPPH)

Este método se basa en la reducción del radical estable DPPH⋅ por los antioxidantes de una muestra (Brand-Williams *et al.*, 1995). El radical tiene una coloración púrpura que se pierde progresivamente cuando se añade la muestra que contiene sustancias antioxidantes. La decoloración del radical se determina a 515 nm y la cuantificación se realiza por lo general empleando soluciones patrón de Trolox. Los tiempos de reacción son variables dependiendo de la naturaleza de los antioxidantes. En particular, las moléculas pequeñas con mejor accesibilidad al centro activo del radical poseen aparentemente una mayor actividad antioxidante por este método (Prior *et al.*, 2005).

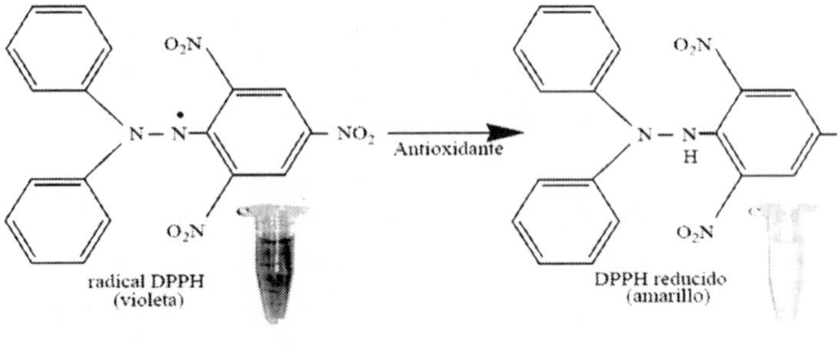

radical DPPH
(violeta)

DPPH reducido
(amarillo)

Figura 8. Mecanismo de acción del radical estable DPPH⋅.

El ensayo DPPH es un método rápido y sencillo que requiere solamente un espectrofotómetro. A diferencia del ensayo TEAC, en este ensayo no es necesario preparar radical previamente puesto que el DPPH· se comercializa ya en la forma de radical y sencillamente requiere su disolución en metanol para el desarrollo del método. DPPH· es un método adecuado para medir la actividad antioxidante en alimentos y extractos vegetales (Sánchez-Moreno, 2002).

2.4.4. Determinación de fenoles totales con el reactivo de Folín-Ciocalteau.

El ensayo Folín-Ciocalteau ha sido utilizado durante muchos años como una medida del contenido en compuestos fenólicos totales en productos naturales. Sin embargo, el mecanismo básico del método es una reacción rédox por lo que puede considerarse como otro método de medida de la actividad antioxidante total (Prior et al., 2005). El método que se utiliza actualmente es una modificación efectuada por Singleton y Rossi (1965) de un método empleado para la determinación de tirosina, el cual se basaba en la oxidación de los fenoles por un reactivo de molibdeno y wolframio. La mejora introducida por Singleton y Rossi fue el uso de un heteropolianión fosfórico de molibdeno y wolframio que oxida los fenoles con mayor especificidad ($3H_2O$-P_2O_5-$13WO_3$-$5MoO_3$-$10H_2O$ y $3H_2O$-P_2O_5-$14WO_3$-$4MoO_3$-$10H_2O$). La oxidación de los fenoles presentes en la muestra causa la aparición de una coloración azul que presenta un máximo de absorción a 765 nm, la cual se mide por espectrofotometría en base a una recta patrón de ácido gálico.

Se trata de un método simple, preciso y sensible pero que sin embargo sufre de numerosas variaciones en lo relativo a los volúmenes de muestra, concentraciones de reactivos, tiempos y temperaturas de incubación. Además, se producen variaciones en el modo de expresar los resultados de modo que el patrón recomendado de ácido gálico se ha sustituido en ocasiones por los ácidos ferúlico, tánico, cafeico, clorogénico, protocatécuico, vanílico o por catequina. Existen además diversas sustancias de naturaleza no fenólica que interfieren en las determinaciones y que pueden dar lugar a concentraciones de compuestos fenólicos aparentemente elevadas, por lo que deben hacerse correcciones para estas sustancias. Entre ellas destacan las proteínas, el ácido ascórbico, el ácido úrico, algunos aminoácidos, nucleótidos, y azúcares (Prior *et al.*, 2005).

No obstante, a pesar de estos inconvenientes, el ensayo de los fenoles totales se emplea con frecuencia en el estudio de las propiedades antioxidantes de alimentos vegetales, al tratarse de un parámetro que generalmente muestra una estrecha correlación con diferentes métodos de medida de la actividad antioxidante (Schlesier *et al.*, 2002; Sun *et al.*, 2002). Así, cuando se evalúan las propiedades antioxidantes de estos alimentos, el análisis de fenoles totales constituye un método complementario al análisis cromatográfico de los principales grupos de compuestos fenólicos que caracterizan a cada variedad de fruta o verdura, a la vez que proporciona información valiosa a la hora de seleccionar variedades con mayor potencial antioxidante (Duthie *et al.*, 1998; Pedersen *et al.*, 2000).

2.4.5. Aplicaciones en la investigación

A partir de los años setenta se han estudiado extractos de numerosas plantas. Entre ellas están el sésamo, limón, naranja, soja, clavo, ajo, cebolla, albahaca y perejil, café, alfalfa, cacahuete y tomillo (Maestro y Borja, 1993).

Vásquez *et al.*, (2007) determinaron la actividad antioxidante y el contenido de polifenoles de los extractos de 4 plantas (*Salvia aratocensis, Salvia sochensis, Bidens reptons y Montanoa ovalifolia*) empleando el radical estable DPPH.

Letelier *et al.*, (2009) evaluaron las propiedades antioxidantes presentes en compuestos herbales tales como: *Silybum marianum, Tilia cordata, Crataegus oxyacantha, Avena sativa, Melissa officinalis, Valeriana officinalis, Passiflora incarnata, Foeniculum vulgare, Cassia senna, Peumus boldus y Opuntia ficus-indica*, concluyendo que el retículo endoplasmático es el principal organelo responsable de la biotransformación de los sitios en los cuales se generan las especies de oxígeno reactivas (ROS).

Reyes (2012), evaluó la capacidad antioxidante del Neem (*Azadirachta indica*), por el método DPPH, reportando para ésta una capacidad antioxidante de 33.10 O.D. ^{3}/min/mg$_{m.s}$.

42

Castañeda *et al.*, (2008) determinaron la capacidad antioxidante de extractos de plantas tales como *Cinnamomum zeylanicum* "canela", *Calophyllum brasiliense* "lagarto caspi", y *Smallanthus sonchifolius* "yacón", por el método (DPPH·). La planta con mayor capacidad antioxidante fue *Cinamomun zeylanicum* con un 97%, en comparación con el ácido ascórbico (Vitamina C) que presentó una actividad antioxidante en promedio de 92.82%.

3. MATERIALES Y MÉTODOS

3.1. Recolección de la muestras

En esta investigación se analizaron tres plantas: albahaca (*Ocimum basilicum*), madura plátano (*Hamelia pathens*) y mohuite (*Justicia spicigera*), mismas que fueron recolectadas en la localidad de Ciudad Valles, San Luís Potosí, México. Para todos los ensayos, las plantas se analizaron por separado, empleando las hojas recién cortadas, de las cuales se seleccionaron aquellas que presentaban un color verde uniforme y se excluyeron las que presentaban signos de clorosis (manchas amarillas) y marchitez.

3.2. Preparación de la muestra seca

Con el propósito de inactivar la enzima polifenoloxidasa, responsable del pardeamiento enzimático, las hojas de las plantas se escaldaron empleando agua destilada a 95 ℃ durante 1 minuto, e inmediatamente después fueron sometidas a choque térmico empleando agua fría. Enseguida, las hojas escaldadas se llevaron a secado en una estufa de convección (Lindberg/Blue UT 150) a 55℃, por un lapso de 48 horas. El producto seco se pulverizó en un mortero y se almacenó en frascos color ámbar, en un lugar seco.

3.2.1. Extracto seco

Se realizaron extractos acuosos mediante una infusión sólido-líquido, en proporción 1:50 p/v, empleando las muestras secas pulverizadas y agua destilada a una temperatura constante de 95 ± 2℃ por lapsos de 3, 5, 8, 10, 12 , 15 y 30 minutos correspondiente a los tiempos de infusión. Por último, se filtraron los extractos empleando papel filtro Whatman N° 2.

3.3. Extracto fresco

Se realizaron extractos acuosos, mediante una infusión sólido-líquido, en proporción 1:50 p/v, empleando hojas recién cortadas y agua destilada a una temperatura constante de 95 ± 2℃, por lapsos de 3, 5, 8, 10, 12, 15 y 30 minut os correspondientes a los tiempos de infusión. Por último, se filtraron los extractos empleando papel filtro Whatman N° 2.

3.4. Contenido de sólidos totales y de humedad

El contenido de sólidos totales y de humedad de las plantas analizadas se determinó de acuerdo a la metodología de la AOAC (1995). Se pesaron 10 g de hojas de cada planta y se colocaron en la estufa de vacío Lindberg/blue UT150 a una temperatura de 55 °C durante 48 horas, monitoreándose el peso de las muestras a cada hora. El contenido de sólidos totales y de humedad se obtuvo por diferencia de peso.

3.5. Cuantificación de fenoles totales

El método espectrofotométrico desarrollado por Folin y Ciocalteau (Singleton, et al., 1999), para la determinación de fenoles totales, se fundamenta en su carácter reductor, utiliza como reactivo una mezcla de ácidos fosfowolfrámico y fosfomolibdíco en medio básico, que se reducen al oxidar los compuestos fenólicos, originando óxidos azules de wolframio y molibdeno. Para esta determinación, los extractos acuosos de cada infusión, se diluyeron 1:10 con agua desionizada. Enseguida se mezcló 1 mL de la dilución anterior con 5 mL del reactivo de Folin-Ciocalteau diluido 1:10, y se dejó reposar la solución durante 8 minutos. Pasado este tiempo, se adicionaron 4 mL de Na_2CO_3 al 7.5%, con posterior homogenización, en seguida se cubrieron los tubos con papel aluminio, para evitar el contacto con la luz, y se llevaron a incubar durante 2 horas a 25 °C. Transcurridas las 2 horas se leyó la absorbancia de la solución a 740 nm en el Espectrofotómetro *AquaMate Plus* Uv-Vis.

Los resultados obtenidos se expresaron en miligramos de Equivalentes de Ácido Gálico (mg EAG/L), de acuerdo a la curva de calibración de ácido gálico realizada (Anexo 1).

3.6. Determinación de la actividad antioxidante por el método DPPH

La actividad antioxidante de los extractos acuosos de plantas, se determinó de acuerdo a la metodología descrita por Brand-Willams et al. (1995) a través de la inhibición del radical estable 2,2 difenil-1-pricrilhidrazilo (DPPH·). Para ello, se tomaron 3 mL de la solución metanólica del radical estable DPPH· a 6.1×10^{-5} M, al cual le fue determinada la absorbancia a un longitud de onda (λ) de 515 nm (absorbancia inicial), para posteriormente hacerlo reaccionar con 100 µL del extracto acuoso, registrando la absorbancia cada 5 segundos durante 30 minutos. La actividad antioxidante se determinó a partir de la obtención de *k* de la ecuación propuesta por Manzocco *et al.* (1998).

Ecuación (1).

$$\frac{1}{A^3} - \frac{1}{A_0{}^3} = -3kt$$

Donde A_0 es la densidad óptica inicial y A es la densidad óptica respecto al tiempo t; *k* es una constante cinética de cuarto orden que se toma como medida de la actividad antioxidante expresada como -D.O.$^{-3}$ /min/mg $_{m.s. \; ó \; m.f.}$ Con la finalidad de disminuir el margen de error, la actividad antioxidante se determinó por triplicado, los extractos frescos se utilizaron concentrados, mientras que los extractos secos se diluyeron (1:10) para su análisis.

3.7. Inhibición de radicales libres

Para determinar el porcentaje de inhibición de radicales libres, se colocaron 3 mL de la solución metanólica de DPPH· en una celdilla, tomando la absorbancia inicial a 515 nm, posteriormente se adicionó, 0.1 mL del extracto acuoso, dejando reaccionar durante 30 minutos, pasado este tiempo se tomó la absorbancia final. El cálculo se obtuvo a partir de la siguiente ecuación:

Ecuación (2)

$$\% \; inhibición \; RL = \frac{A_i - A_f}{A_i} \times 100$$

Donde A_i corresponde a la absorbancia inicial, y A_f, a la final.

3.8. Intensidad de color

La intensidad de color de cada extracto se determinó de acuerdo a la metodología descrita por Manzocco *et al.*, (1998) y Reyes *et al.*, (2009) para ello se tomó la absorbancia de los extractos diluidos 1:10, en un espectrofotómetro (*AquaMate Plus* Uv-

Vis) a una longitud de onda (λ) de 390 nm, la cual corresponde a la región espectral de la máxima absorción de los pigmentos coloreados.

3.9. pH

El pH de los extractos acuosos se determinó usando un potenciómetro (Denver instrument ultraBASIC UB-10), las mediciones se realizaron en los extractos sin diluir de acuerdo a los diferentes tiempos de infusión.

3.10. Contenido de sólidos en suspensión

El contenido de sólidos en suspensión se determinó en un refractómetro (Reichert Brix 35 HP), colocando una gota del extracto acuoso de cada infusión.

3.11. Análisis estadístico

Los datos cuantitativos se expresaron como la media ± desviación estándar (s). Todas las determinaciones se realizaron por triplicado, los cálculos y las gráficas de los datos obtenidos se procesaron utilizando el programa *KaleidaGraph*.

4. DISCUSIÓN DE RESULTADOS

Con el proceso de escaldado que se realizó a las hojas de *O. basilicum*, *H. patens* y *J. spicigera* se logró inactivar a las enzimas que se encargan de la degradación de los compuestos con actividad antioxidante. Este proceso fue seguido por el secado convectivo observando en las cinéticas de secado, el tiempo necesario para eliminar el contenido de agua presente en las hojas, el cual fue de 48 horas. En las Figuras 9, 10 y 11 se observa el contenido de humedad (b.h.), y los sólidos totales (base seca (b.s.)) de *O. basilicum*, *H. patens* y *J. spicigera*. Para *O. basilicum*, la cinética reporta en base húmeda 89.49%, y 10.51% b.s.

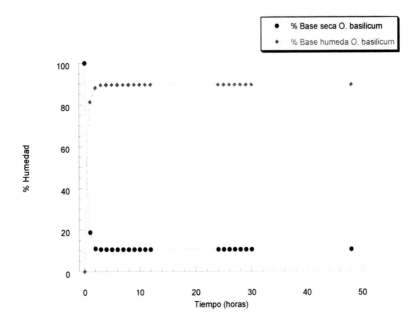

Figura 9. Cinética de secado de hojas de *O. basilicum*.

Para *H. patens*, 89.19% b.h., y 10.81% b.s. A pesar de que las hojas de *O. basilicum* y *H. patens* obtuvieron un porcentaje similar de base húmeda, se observa que en la primera hora de secado se eliminó el mayor contenido de agua (81.25% b.h. y 73.07% b.h., respectivamente).

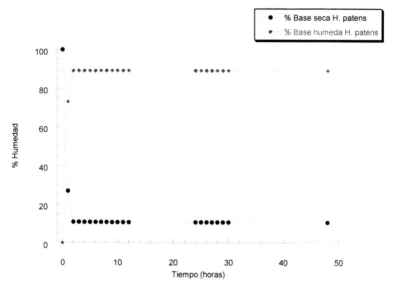

Figura 10. Cinética de secado de hojas de *H. patens*.

En las hojas de *J. spicigera*, la humedad final fue de 74.25% b.h. y los sólidos totales de 25.75% b.s.

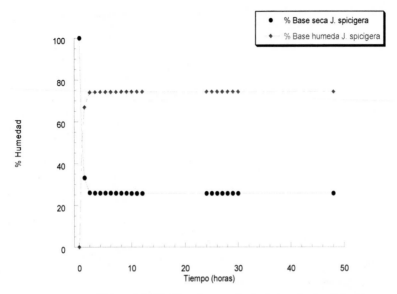

Figura 11. Cinética de secado de hojas de *J. spicigera*.

La Tabla 6 hace una comparación de porcentajes finales en b.h. y b.s. de las hojas de *O. basilicum*, *H. patens* y *J. spicigera*. El mayor contenido de humedad se obtuvo en las hojas de *O. basilicum* (89.49% b.h.), mientras que *J. spicigera* reportó el menor porcentaje b.h. (25.75%).

Tabla 6. Comparación del porcentaje de b.h. y b.s. reportados en las hojas de *O. basilicum*, *H. patens* y *J. spicigera*.

Hojas de	*O. basilicum*	*H. patens*	*J. spicigera*
% Humedad (b.h.)	**89.49**	89.19	74.25
% Sólidos totales (b.s.)	10.51	10.81	**25.75**

La humedad final contenida en *O. basilicum* (89.49%) y *H. patens* (89.19%), es similar a la reportada por Reyes *et al.*, (2009) para las hojas de maguey morado (*Rhoeo discolor*) (91.5%). El porcentaje en b.s. de *J. spicigera* (25.75%) se asemeja a lo reportado por Castillo (2011) para las cáscaras de litchi (*Litchi chinensis Sonn*) (26.6%), y Reyes (2012), para las hojas de neem (*Azadirachta indica*) (29.8%).

Las diferencias obtenidas en el porcentaje de humedad y sólidos totales son justificables debido a que las variaciones genéticas y ambientales, determinan el grado de liberación de la humedad de cada planta (Jiang, 2001).

En la Tabla 7 se reportan la intensidad de color y el pH determinados en los extractos frescos de *O. basilicum*, *H. patens* y *J. spicigera*, obtenidos a diferentes tiempos de infusión.

Tabla 7. Intensidad de color y pH determinados en los extractos frescos de *O. basilicum*, *H. patens* y *J. spicigera*, obtenidos a diferentes tiempos de infusión.

Tiempo de infusión	Intensidad de color (D.O.)			pH		
Minutos	*O. basilicum*	*H. patens*	*J. spicigera*	*O. basilicum*	*H. patens*	*J. spicigera*
3	0.086 ± 0.00	0.040 ± 0.00	0.053 ± 0.00	6.73 ± 0.01	4.05 ± 0.01	6.81 ± 0.01
5	0.086 ± 0.00	0.042 ± 0.00	0.113 ± 0.00	6.69 ± 0.06	4.12 ± 0.00	7.02 ± 0.01
8	0.091 ± 0.00	0.064 ± 0.00	**0.164 ± 0.00**	6.67 ± 0.05	4.26 ± 0.00	7.06 ± 0.01
10	0.117 ± 0.00	0.066 ± 0.00	0.140 ± 0.00	6.74 ± 0.02	4.29 ± 0.01	7.23 ± 0.01
12	0.122 ± 0.00	0.083 ± 0.00	0.135 ± 0.00	6.70 ± 0.06	4.35 ± 0.01	7.30 ± 0.02
15	**0.197 ± 0.00**	**0.098 ± 0.00**	0.106 ± 0.00	6.65 ± 0.05	5.71 ± 0.00	7.32 ± 0.01
30	0.111 ± 0.00	0.078 ± 0.00	0.086 ± 0.00	6.67 ± 0.03	3.86 ± 0.01	7.19 ± 0.01

D.O. = Densidad óptica

El orden seguido en la intensidad de color determinada en extractos frescos fue: *O. basilicum* $\geq$ *J. spicigera* $\geq$ *H. patens*. En *O. basilicum*, la mayor D.O. se obtuvo a 15 minutos de infusión (0.197 D.O.), mientras que los extractos de *J. spicigera* y *H. patens*, tuvieron la más alta intensidad de color a los 8 (0.164 D.O.) y 15 minutos (0.098 D.O.), respectivamente. La intensidad de color es una medida de los pigmentos presentes en los extractos (Reyes, *et al.*, 2009). Esto quiere decir, que los extractos de *O. basilicum* presentaron el mayor contenido de pigmentos a comparación de los extractos de *J.*

spicigera y *H. patens*. La coloración obtenida en los extractos de *O. basilicum* y *J. spicigera* (amarillo claro y púrpura), puede deberse a la presencia de antocianinas (Winthrop y Simon, 1998; Vovides, 1997). En *H. patens* el color amarillo puede atribuirse a la presencia de catequinas (Ríos y Aguilar, 2006). Las antocianinas y catequinas se caracterizan por poseer alta capacidad antioxidante (Kuskoski *et al.*, 2005; Martínez 1996).

Conforme aumentaba el tiempo de infusión, se observó que los pigmentos contenidos en las plantas de estudio se fueron liberando, sin embargo fue a los minutos 8 (*J. spicigera*) y 15 (*O. basilicum*, y *H. patens*) cuando se liberaron la mayor cantidad de éstos. Después de estos tiempos, la intensidad de color de los extractos frescos comenzó a descender. Este comportamiento se presentó debido a que el tiempo de exposición a una alta temperatura, interfiere en la liberación de los pigmentos coloreados, mismos que, al ser oxidados por una exposición prolongada (30 minutos) a determinada temperatura, sufren una inactivación impidiendo el desarrollo de color (Mathews, 2006).

En la Figura 12 se observa la intensidad de color desarrollada en los extractos de *O. basilicum*, *H. patens* y *J. spicigera*, respecto al tiempo de infusión.

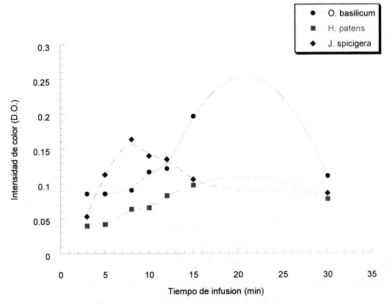

Figura 12. Intensidad de color de los extractos frescos de *O. basilicum*, *H. patens* y *J. spicigera*, respecto al tiempo de infusión.

La coloración obtenida para los extractos de *O. basilicum* y *J. spicigera* (0.197 y 0.164 D.O., respectivamente) es similar a la reportada por Manzocco *et al.*, (1998) para el té verde (0.131 D.O.) y el té negro (0.160 D.O.). En cambio, la D.O. observada en extractos frescos de *H. patens* (0.098 D.O.) es semejante a la que observada por Reyes *et al.*, (2009) en extractos de hojas de maguey morado (*Rhoeo discolor*) (0.105 D.O.).

Otro de los parámetros determinados a los extractos de *O. basilicum*, *H. patens* y *J. spicigera*, fue el pH. Las infusiones de *H. patens* fueron las que presentaron un pH más ácido. Estos valores posiblemente indican que existe un mayor contenido de compuestos fenólicos en *H. patens*, los cuales se caracterizan por poseer un carácter ácido (Wade, 2004).

Los extractos frescos de *H. patens* mantuvieron un pH estable (4.05–4.35) durante los tiempos de infusión de 3 a 12 minutos. En la Figura 13 se observa que después de este lapso, el pH se eleva a 5.71 (15 minutos), para posteriormente descender a 3.86 (30 minutos). Este comportamiento refleja una inestabilidad, atribuida a un tiempo de infusión prolongado, lo que podría generar cambios indeseables en las propiedades funcionales de los extractos acuosos.

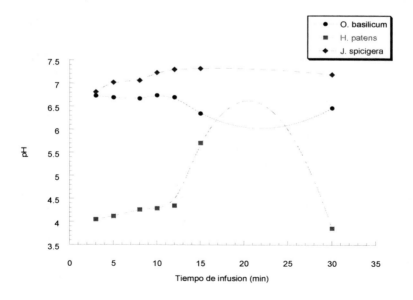

Figura 13. pH de los extractos frescos de *O. basilicum*, *H. patens* y *J. spicigera* respecto al tiempo de infusión.

Los extractos frescos de *O. basilicum* presentaron el pH más estable en todos los tiempos de infusión analizados, oscilando entre 6.65 y 6.74. El pH es un factor que regula reacciones químicas, bioquímicas y microbiológicas. Afectando propiedades funcionales como son: color, sabor y textura de los alimentos Aparentemente la naturaleza química de los compuestos ácidos liberados, no modificaron las propiedades funcionales de los extractos frescos de *O. basilicum*.

A diferencia del pH ácido de los extractos frescos de *H. patens* y *O. basilicum*, el pH de los extractos de *J. spicigera* revelaron un carácter alcalino. El rango de pH fue de 7.13 ± 0.18. Esta conducta, de acuerdo con Wade (2004), no es propia de los compuestos fenólicos, los cuales al poseer un carácter reductor, tienden a presentar un pH ácido. A pesar lo anterior, se observó que pH alcalino, no afectó el desarrollo de la actividad antioxidante de los compuestos fenólicos contenidos en los extractos de *J. spicigera*.

En lo que comprende a los sólidos solubles contenidos en los extractos frescos de *O. basilicum*, *H. patens* y *J. spicigera*, los valores obtenidos indican que no hubo presencia de sólidos en suspensión. Un comportamiento similar es el que reporta Reyes *et al.*, (2012) para los extractos de neem (*Azadirachta indica*).

En la Tabla 8, se presentan la intensidad de color, y el pH de los extractos secos de *O. basilicum*, *H. patens* y *J. spicigera*, obtenidos a diferentes tiempos de infusión.

Tabla 8. Intensidad de color y pH de los extractos secos de *O. basilicum*, *H. patens* y *J. spicigera*, a diferentes tiempos de infusión.

Tiempo de infusión	Intensidad de color (D.O.)			pH		
Minutos	*O. basilicum*	*H. patens*	*J. spicigera*	*O. basilicum*	*H. patens*	*J. spicigera*
3	0.277 ± 0.00	0.147 ± 0.002	0.421 ± 0.002	5.87 ± 0.00	5.04 ± 0.00	7.77 ± 0.02
5	0.298 ± 0.00	0.173 ± 0.001	0.442 ± 0.005	5.88 ± 0.01	4.96 ± 0.00	8.00 ± 0.02
8	0.280 ± 0.00	0.196 ± 0.001	0.519 ± 0.001	5.62 ± 0.01	5.00 ± 0.00	8.07 ± 0.01
10	0.260 ± 0.00	0.159 ± 0.002	0.465 ± 0.003	5.65 ± 0.01	5.02 ± 0.03	8.10 ± 0.02
12	0.202 ± 0.00	0.113 ± 0.002	0.379 ± 0.004	5.69 ± 0.01	5.09 ± 0.04	8.12 ± 0.02

15	0.201 ± 0.00	0.111 ± 0.001	0.368 ± 0.005	5.76 ± 0.01	5.11 ± 0.01	8.12 ± 0.01
30	0.200 ± 0.00	0.087 ± 0.000	0.333 ± 0.000	5.86 ± 0.01	5.23 ± 0.02	8.14 ± 0.00

Los extractos secos de *J. spicigera* presentaron la mayor liberación de pigmentos coloreados (0.519 D.O.), seguidos por los extractos de *O. basilicum* (0.298 D.O.), y *H. patens* (0.196 D.O.). Para *O. basilicum* la mayor D.O. se obtuvo a 5 minutos de infusión, mientras que *H. patens* y *J. spicigera* presentaron más coloración a 8 minutos. La Figura 14 muestra una comparación de la intensidad de color de los extractos secos de *O. basilicum, H. patens* y *J. spicigera*.

La intensidad de color de los extractos secos de *J. spicigera* (0.519 D.O.), es semejante a la que reportó Castillo, (2011) para las cáscaras deshidratadas de litchi (*Litchi chinensis Sonn*), siendo ésta de 0.680 D.O.

A comparación de la intensidad de color obtenida por los extractos frescos de *O. basilicum, H. patens* y *J. spicigera*, la D.O. de los extractos secos revela que el procesamiento de secado influyó favorablemente en la aparición de los compuestos coloreados contenidos en las plantas de estudio.

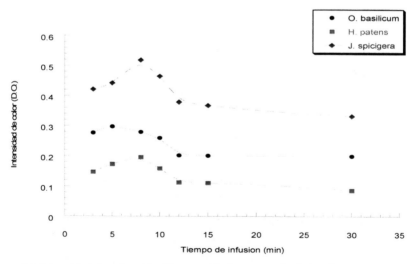

Figura 14. Intensidad de color obtenida en extractos secos de *O. basilicum, H. patens* y *J. spicigera* respecto al tiempo de infusión.

En relación al pH de los extractos secos de las plantas de estudio, el pH fue más ácido en los extractos de *H. patens*, oscilando entre 4.96 y 5.23. El pH más bajo obtenido para *H. patens* (4.96) se obtuvo a 5 minutos de infusión, mientras que el pH más elevado (5.23) ocurrió a 30 minutos. Esto indica que, a 5 minutos de infusión, se liberaron la mayor cantidad de compuestos ácidos.

Los extractos de *O. basilicum*, obtuvieron un pH entre 5.62 y 5.88, determinando estabilidad durante el periodo de manejo. Las infusiones de *J. spicigera*, tuvieron pH alcalino, con valores que fluctuaron de 7.77 (minuto 3) a 8.14 (minuto 30). El pH se elevó conforme aumentó el tiempo de infusión de 3 a 5 minutos, (7.77 – 8.00). Para posteriormente alcanzar la estabilidad (Figura 15).

Los resultados de pH obtenidos para los extractos secos de *O. basilicum* y *H. patens*, indican que hubo mayor concentración de compuestos ácidos a comparación de los extractos secos de *J. spicigera*.

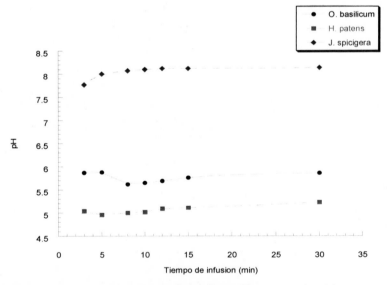

Figura 15. pH de los extractos secos de *O. basilicum*, *H. patens* y *J. spicigera*, respecto al tiempo de infusión.

En la Tabla 9 se registró el contenido de sólidos solubles obtenidos en los extractos secos de *O. basilicum*, *H. patens* y *J. spicigera*. Se observó que los extractos de *O. basilicum* (0.5 ± 0.6) concentraron la mayor cantidad de sólidos solubles, seguidos por los extractos de *H. patens* (0.3 ± 0.1) y *J. spicigera* (0.2 ± 0.1). Los sólidos solubles de *O. basilicum* comenzaron su liberación a 3 minutos de infusión, mientras que los de *H. patens* y *J. spicigera*, lo hicieron a 5 minutos. Este comportamiento, es debido a que el tiempo de exposición propició la liberación de los sólidos solubles contenidos en las hojas de las plantas de estudio.

Comparando los sólidos solubles obtenidos en los extractos frescos y secos, se observó que no hubo variaciones significativas que pudieran afectar el comportamiento de los compuestos antioxidantes de las plantas analizadas.

Tabla 9. Sólidos solubles encontrados en los extractos secos de *O. basilicum*, *H. patens* y *J. spicigera*, a diferentes tiempos de infusión.

Tiempo de infusión	Sólidos solubles		
Minutos	O. basilicum	H. patens	J. spicigera
3	0.4 ± 0.00	0.0 ± 0.11	0
5	0.5 ± 0.01	0.2 ± 0.000	0.2 ± 0.00
8	0.5 ± 0.00	0.2 ± 0.110	0.2 ± 0.01
10	0.5 ± 0.00	0.4 ± 0.000	0.3 ± 0.05
12	0.5 ± 0.01	0.4 ± 0.000	0.3 ± 0.05
15	0.6 ± 0.00	0.4 ± 0.000	0.2 ± 0.00
30	0.6 ± 0.00	0.4 ± 0.000	0.2 ± 0.00

En la Tabla 10 se registraron el contenido fenólico y la actividad antioxidante de extractos frescos de *O. basilicum, H. patens* y *J. spicigera*, respecto a los tiempos de infusión analizados.

Tabla 10. Contenido fenólico y actividad antioxidante de extractos frescos de *O. basilicum, H. patens* y *J. spicigera* respecto a los tiempos de infusión analizados.

Tiempo de infusión	Polifenoles (mg EAG/L)			Actividad antioxidante $(D.O.\ ^{-3}/min/mg_{m.r})$		
Minutos	*O. basilicum*	*H. patens*	*J. spicigera*	*O. basilicum*	*H. patens*	*J. spicigera*
3	66.10 ± 2.43	259.11 ± 2.43	91.56 ± 1.47	0.25 ± 0.02	8.57 ± 0.41	0.35 ± 0.07
5	76.74 ± 2.55	304.54 ± 2.95	259.76 ± 1.11	0.33 ± 0.01	10.29 ± 0.11	0.83 ± 0.02
8	100.90 ± 3.48	391.87 ± 1.93	**394.12 ± 1.47**	0.57 ± 0.00	12.48 ± 0.54	n.d.
10	142.47 ± 3.48	407.33 ± 4.83	343.53 ± 1.93	5.36 ± 0.55	14.73 ± 0.94	n.d.
12	150.20 ± 3.10	**476.61 ± 1.47**	306.16 ± 1.47	6.12 ± 0.17	**19.43 ± 0.46**	**6.59 ± 0.25**
15	**167.30 ± 3.34**	427.63 ± 1.93	279.73 ± 1.93	**6.90 ± 0.80**	18.21 ± 0.14	3.95 ± 0.18
30	115.40 ± 2.43	294.23 ± 1.93	275.55 ± 1.47	3.25 ± 0.59	10.96 ± 0.59	2.92 ± 0.47

EAG=Equivalentes de Ácido Gálico; n.d.= no determinado

El orden seguido para el contenido fenólico reportado para extractos frescos fue: *H. patens* ≥ *J. spicigera* ≥ *O. basilicum*. En *H. patens,* el mayor contenido de fenoles se obtuvo a 12 minutos de infusión (476.61 mg EAG/L), mientras que para *J. spicigera* y *O. basilicum*, el valor más alto de polifenoles se registró a 8 (394.12 mg EAG/L) y 15 (167.30 mg EAG/L) minutos de infusión, respectivamente.

El contenido de fenoles de los extractos frescos de las plantas de estudio, experimentó un incremento lineal conforme se prolongó el tiempo de infusión de 3 a 8 (*J. spicigera*), 12 (*H. patens*) y 15 (*O. basilicum*) minutos. Este comportamiento coincide con lo obtenido por Reyes *et al.*, (2009) para extractos de maguey morado (*Rhoeo discolor*). De igual manera, Castillo (2011) expuso incremento lineal en extractos de cáscara de litchi (*Litchi chinensis Sonn*).

En la Figura 16 se observa que después presentarse el incremento lineal, la concentración de fenoles descendió conforme aumentaba el tiempo de infusión a 10 (*J. spicigera*), 15 (*H. patens*) y 30 (*O. basilicum*) minutos. Esta conducta puede atribuirse a la actividad antioxidante/prooxidante de los compuestos fenólicos, misma que depende de factores extrínsecos como el calor, el comportamiento quelante, pH, la estructura, el número y la posición de los sustituyentes (Mathews, 2006). En los casos anteriores asume que los polifenoles comenzaron un proceso de oxidación tras una exposición prolongada (30 minutos) a una alta temperatura, y que por dicha razón, se presentó una disminución en la cantidad de polifenoles.

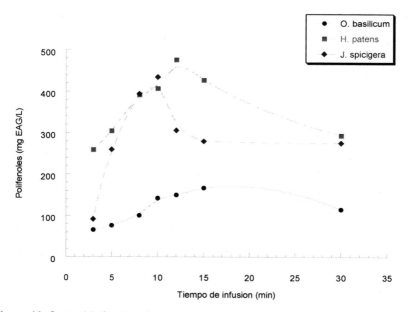

Figura 16. Contenido fenólico de los extractos frescos de *O. basilicum*, *H. patens* y *J. spicigera* respecto al tiempo de infusión.

Respecto a la actividad antioxidante de los extractos de *O. basilicum*, *H. patens* y *J. spicigera* en general, los coeficientes de correlación obtenidos, de acuerdo a la ecuación (1) fueron de r=0.964, r=0.982 y r=0.944, respectivamente. Estos valores indican que la cinética de primer orden es adecuada para obtener el coeficiente cinético k que representa la actividad antioxidante expresada como $D.O.^{-3}/min/mg_{m.f.}$

La mayor actividad antioxidante se encontró en los extractos frescos de *H. patens* (19.43 $D.O.^{-3}/min/mg_{m.f.}$), seguida de los extractos de *O. basilicum* (6.90 $D.O.^{-3}/min/mg_{m.f.}$) y *J. spicigera* (6.59 $D.O.^{-3}/min/mg_{m.f.}$).

Eibond *et al.*, (2004) afirman que una alta actividad antioxidante medida de forma cinética a través del radical DPPH· se debe a la presencia de compuestos fenólicos. En el presente estudio, al realizar el análisis lineal entre la actividad antioxidante de los extractos frescos de las plantas de estudio, medida de forma cinética con el radical DPPH· en función del contenido de polifenoles se obtuvieron valores de r=0.969 (*O. basilicum*), r=0.948 (*H. patens*) y r=0.991 (*J. spicigera*). Estos datos se observan en las Figuras 17, 18 y 19, e indican que hubo relación significativa entre ambos parámetros, es decir, el contenido de fenoles totales presentó una relación importante con la capacidad de actuar de los agentes antioxidantes liberados a diferentes tiempos. Este comportamiento concuerda con lo reportado por Kuskoski *et al.*, (2004) y Muñoz *et al.*, (2007a) en extractos acuosos de plantas.

No obstante es necesario considerar que las relaciones anteriores no solo dependieron de la concentración y la calidad del antioxidante, sino también de su interacción con otros componentes y la metodología aplicada (Kuskoski *et al.*, 2005). Así mismo, es posible que los polifenoles presentes en los extractos frescos de las plantas de estudio, hayan experimentado cierto grado de degradación como resultado del proceso de extracción. Esto debido a que la oxidación de los polifenoles permite la formación de compuestos derivados con actividad de captura de radicales con mejor actividad antioxidante. También se ha demostrado que no solo los polifenoles originales si no también los productos de su transformación; así como su capacidad residual donadora de hidrógeno pueden estar involucrados en la interacción con el DPPH· (Manzocco *et al.*, 1998; Balasandrum *et al.*, 2005).

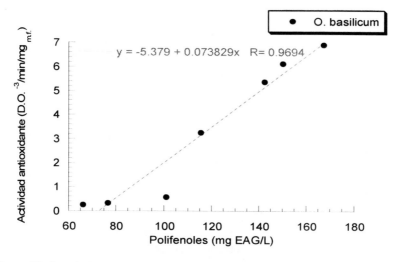

Figura 17. Correlación entre la actividad antioxidante y el contenido fenólico de los extractos de *O. basilicum*.

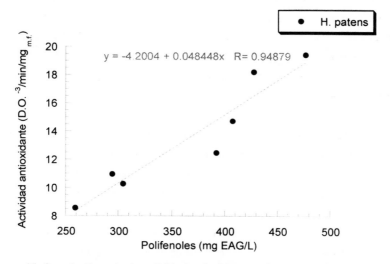

Figura 18. Correlación entre la actividad antioxidante y el contenido fenólico de los extractos de *H. patens*.

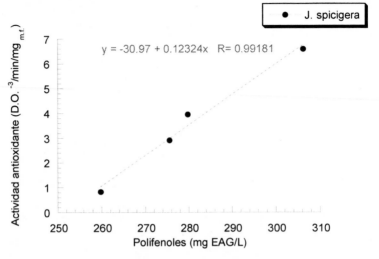

Figura 19. Correlación entre la actividad antioxidante y el contenido fenólico de los extractos de *J. spicigera*.

Otras investigaciones en las que se han encontrado correlaciones positivas son las reportadas por Sawadogo *et al.*, (2006); Surveswaran *et al.*, (2007) para especies de plantas de la familia *Acanthaceae*. Del mismo modo, Katalinic *et al.*, (2006) ha encontrado correlaciones similares en extractos de más de 70 especies de plantas utilizadas en la medicina popular.

Paladino (2008) menciona que, de los compuestos fenólicos presentes en las plantas, los flavonoides son el componente antioxidante mayoritario, y a causa de ello, se presenta una correlación positiva entre el contenido fenólico y la actividad antioxidante de éstas. Por este motivo, las hierbas son una fuente potencial de antioxidantes naturales.

La actividad antioxidante encontrada en los extractos frescos de *O. basilicum*, puede atribuirse a la presencia de flavonoides como: quercetrósido, kenferol, esculósido y ácido cafeico (Edeoga *et al.*, 2005). En cambio, las hojas de *H. patens* contienen taninos y catequinas (Rios y Aguilar, 2006; Lopera y Velásquez, 2009). Martínez, (1996) asocia las propiedades biológicas de los extractos de *J. spicigera*, a la presencia de taninos, flavonoides y fenoles simples.

Reyes (2012) obtuvo una actividad antioxidante de 0.95 D.O.$^{-3}$/min/mg$_{m.f.}$, en extractos de neem (*Azaridachta indica*). Castillo, (2011) reportó, en cáscara fresca de litchi (*Litchi chinensis Sonn*), una actividad antioxidante de 0.3 D.O.$^{-3}$/min/mg$_{m.f.}$ Por otro lado, Reyes *et al.*, (2009) reportó una actividad antioxidante de 26.3 D.O.$^{-3}$/min/mg$_{m.f.}$, para extractos de maguey morado (*Rhoeo discolor*). En la presente investigación, la actividad antioxidante obtenida para los extractos frescos *H. patens* (19.43 D.O.$^{-3}$/min/mg $_{m.f.}$), *O. basilicum* (6.90 D.O.$^{-3}$/min/mg $_{m.f.}$) y *J. spicigera* (6.59 D.O.$^{-3}$/min/mg $_{m.f.}$), fue mayor que la reportada para los extractos de neem (*Azaridachta indica*) y de cáscara de litchi (*Litchi chinensis Sonn*). Por lo que, se obtendrán mejores beneficios antioxidantes al consumir una infusión de *H. patens, O. basilicum,* o *J. spicigera*.

En la Tabla 11 se registró el porcentaje de inhibición de RL de los extractos frescos de *O. basilicum, H. patens* y *J. spicigera,* a diferentes tiempos de infusión.

Tabla 11. Porcentaje de inhibición de RL de los extractos frescos de *O. basilicum, H. patens* y *J. spicigera*, a diferentes tiempos de infusión.

Tiempo de infusión	% Inhibición de RL		
Minutos	*O. basilicum*	*H. patens*	*J. spicigera*
3	58.52 ± 0.78	92.91 ± 0.11	66.78 ± 1.47
5	60.78 ± 0.41	93.60 ± 0.26	75.74 ± 0.61
8	66.67 ± 0.75	94.01 ± 0.01	**99.57 ± 0.07**
10	85.40 ± 0.83	94.44 ± 0.27	96.24 ± 0.48
12	89.70 ± 0.73	**96.59 ± 0.19**	92.33 ± 0.97
15	**90.44 ± 0.51**	95.45 ± 0.14	86.96 ± 0.65
30	76.94 ± 0.55	93.77 ± 0.17	85.35 ± 0.25

El orden de inhibición de RL por los extractos frescos es el siguiente: *J. spicigera* (99.57%), *H. patens* (96.59%) y *O. basilicum* (90.44%). Estos resultados se obtuvieron a 8, 12 y 15 minutos de infusión, respectivamente. Los resultados anteriores se observan en la Figura 20. Así mismo, se observa que después de estos tiempos de infusión, la actividad captadora de RL expone un marcado descenso, el cual se atribuye a que el prolongado tiempo de exposición a la temperatura de análisis, promovió la oxidación de los compuestos antioxidantes, deteniendo su acción como captadora de radicales libres.

La variabilidad genética de las plantas influye también en el desarrollo de las propiedades antioxidantes (Jiang, 2001). Prueba de ello, es que los extractos de las plantas de análisis, presentan un comportamiento distinto en la captura de radicales libres, a pesar de que fueron elaborados bajo las mismas condiciones.

Reyes *et al.* (2012) reportó que los extractos de neem (*Azaridachta indica*) inhiben como máximo, el 41.09% de los RL, después de 12 minutos de infusión. Estos resultados indican que las plantas de estudio poseen una captación de RL, mucho mayor en comparación con el neem.

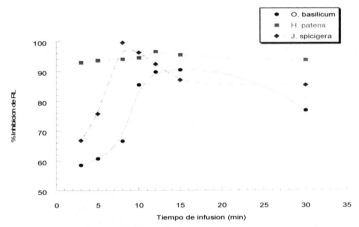

Figura 20. Porcentaje de inhibición de RL de los extractos frescos de *O. basilicum*, *H. patens* y *J. spicigera* respecto al tiempo de infusión.

En la Tabla 12 se registró la actividad antioxidante y el contenido fenólico de los extractos secos de *O. basilicum*, *H. patens* y *J. spicigera*, obtenidos a distintos tiempos de infusión.

Tabla 12. Contenido fenólico y actividad antioxidante de los extractos secos de *O. basilicum*, *H. patens* y *J. spicigera*, a diferentes tiempos de infusión.

Tiempo de infusión	Polifenoles (mg EAG/L)			Actividad antioxidante $(D.O.\ ^{-3}/min/mg_{m.s.})$		
Minutos	O. basilicum	H. patens	J. spicigera	O. basilicum	H. patens	J. spicigera
3	2161.80 ± 5.11	745.02 ± 1.47	242.36 ± 2.23	9.28 ± 1.74	16.87 ± 0.17	0.09 ± 0.01
5	**2192.74 ± 1.93**	**963.16 ± 2.55**	381.55 ± 3.39	**10.38 ± 2.16**	**23.23 ± 2.46**	0.15 ± 0.04
8	1226.08 ± 9.66	930.29 ± 2.55	**442.71 ± 2.43**	2.30 ± 0.31	22.67 ± 6.04	**0.21 ± 0.01**

10	1217.39 ± 2.55	928.36 ± 2.89	384.45 ± 4.56	2.03 ± 0.05	21.89 ± 1.36	0.11 ± 0.03
12	1173.56 ± 3.39	911.28 ± 2.95	347.72 ± 6.64	1.36 ± 0.11	20.26 ± 2.62	0.07 ± 0.01
15	1079.15 ± 5.38	909.99 ± 1.93	305.83 ± 1.67	0.35 ± 0.03	19.95 ± 1.87	0.06 ± 0.00
30	1017.29 ± 3.48	811.79 ± 2.01	301.64 ± 1.11	0.20 ± 0.07	17.39 ± 1.14	0.04 ± 0.00

El mayor contenido fenólico se observó en los extractos secos de *O. basilicum* (2192.74 mg EAG/L), seguido por *H. patens* (963.16 mg EAG/L) y *J. spicigera* (442.71 mg EAG/L). Estos resultados se obtuvieron a 5 (*O. basilicum* y *H. patens*) y 8 (*J. spicigera*) minutos de infusión. Los datos obtenidos en ésta investigación son mayores en comparación con los obtenidos para los extractos frescos, por lo que se asume que el proceso de secado resultó ser benéfico para las 3 plantas. Esto debido a que durante el proceso de secado, la pérdida de humedad favoreció la concentración de los compuestos responsables de proporcionar la actividad antioxidante en las plantas.

En la Figura 21 se observa el comportamiento en la liberación de polifenoles respecto al tiempo de infusión de los extractos secos de las plantas de estudio.

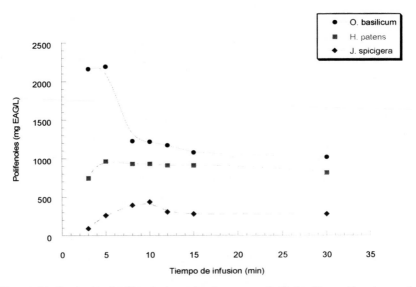

Figura 21. Contenido fenólico de los extractos secos de *O. basilicum, H. patens* y *J. spicigera* respecto al tiempo de infusión.

La actividad antioxidante de los extractos secos, fue mayor en *H. patens* (23.23 D.O.$^{-3}$/min/mg$_{m.s.}$), seguido de *O. basilicum* (10.38 D.O.$^{-3}$/min/mg$_{m.s.}$) y *J. spicigera* (0.21 D.O.$^{-3}$/min/mg$_{m.s.}$). Estos valores se obtuvieron a 5 (*O. basilicum* y *H. patens*) y 8 (*J. spicigera*) minutos de infusión. Pasados estos tiempos, la actividad antioxidante de los extractos secos descendió conforme se prolongó el tiempo de infusión. Esto indica que los compuestos antioxidantes contenidos en las hojas de las plantas de estudio exhibieron una actividad prooxidante tras una exposición prolongada a 95℃ (Mathews, 2006).

Jonsson (1991) asegura que los antioxidantes contenidos en los alimentos pueden ser inactivados a consecuencia del proceso aplicado. Esto resulta relevante debido a que, el tratamiento de secado, resultó benéfico para potenciar la actividad antioxidante de *H. patens* y *O. basilicum,* mas no para *J. spicigera.* Lo anterior puede justificarse de acuerdo a lo que menciona Kuskoski *et al.*, (2005) quien asegura que la actividad antioxidante de los extractos acuosos depende no sólo de la cantidad, sino también de la calidad del compuesto antioxidante, en este caso se asume que algunos polifenoles contenidos en *J. spicigera*, no son potentes antioxidantes sino que exhiben otro tipo de propiedades biológicas como la antiparasitaria (Ponce *et al.*, 2001) y anticancerígena (Márquez *et al.*, 1999).

En la Figura 22 se observa la actividad antioxidante obtenida para los extractos secos de *O. basilicum*, *H. patens* y *J. spicigera* de acuerdo al tiempo de infusión.

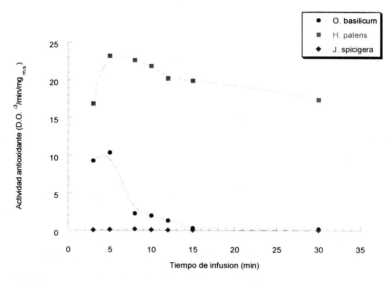

Figura 22. Actividad antioxidante de los extractos secos de *O. basilicum*, *H. patens* y *J. spicigera* de acuerdo al tiempo de infusión.

Manzocco *et al.* (1998) evaluaron la actividad antioxidante del té verde y el té negro, reportando una actividad de 5.6 D.O.$^{-3}$/min/mg$_{m.s.}$, y 1.9 D.O.$^{-3}$/min/mg$_{m.s.}$, respectivamente. En contraste, la actividad antioxidante observada en los extractos secos de *O. basilicum* y *H. patens* resultó ser mayor a la observada para los tés verde y negro, es así que, beber una infusión de *O. basilicum* o *H. patens* permitirá la obtención de mayores beneficios antioxidantes que al ingerir té verde o negro.

En la Tabla 13 se observa el porcentaje de inhibición de RL obtenido por los extractos secos de *O. basilicum*, *H. patens* y *J. spicigera*.

Tabla 13. Porcentaje de inhibición de RL de los extractos secos de *O. basilicum*, *H. patens* y *J. spicigera* respecto al tiempo de infusión.

Tiempo de infusión	% Inhibición de RL

Minutos	O. basilicum	H. patens	J. spicigera
3	86.16 ± 1.17	54.27 ± 3.04	13.45 ± 0.39
5	**93.93 ± 0.46**	**68.49 ± 4.99**	15.27 ± 0.32
8	76.09 ± 0.24	65.69 ± 1.62	**17.45 ± 0.86**
10	75.26 ± 0.25	63.26 ± 3.30	14.22 ± 0.23
12	74.99 ± 0.67	60.15 ± 1.32	13.80 ± 0.74
15	64.89 ± 0.31	59.72 ± 1.95	12.86 ± 0.19
30	60.69 ± 0.21	58.42 ± 0.21	10.43 ± 0.43

La capacidad de inhibición de RL, se logró mediante la donación de un electrón de la molécula antioxidante al radical libre, permitiendo la estabilización del radical, con la consecuente conversión del antioxidante en una molécula no tóxica.

En la Figura 23 se observa que el extracto seco de *O. basilicum* fue el que presentó mayor captación de RL (93.93%), detrás de este, se encuentra el extracto de *H. patens* mismo que inhibió el 68.49% de RL. Ambos extractos reportaron el mayor porcentaje de inhibición a un tiempo de infusión de 5 minutos. En cambio, el valor más alto de los extractos secos de *J. spicigera* se obtuvo a 8 minutos y fue de 17.45%.

Los porcentajes de inhibición de RL obtenidos para los extractos secos de *O. basilicum* y *H. patens* fueron más elevados que los repostados por Turkmen *et al.* (2005) para extractos acuosos de té negro (29.1%) y té negro mate (61.2%,), Estos datos reflejan que los extractos secos de *H. patens* y *O. basilicum* poseen mayor capacidad de captura de radicales libres.

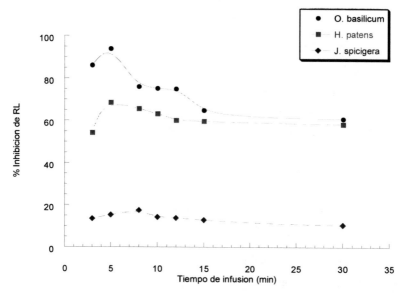

Figura 23. Porcentaje de inhibición de radicales libres de los extractos secos de *O. basilicum*, *H. patens* y *J. spicigera* de acuerdo al tiempo de infusión.

Baolu (2001) señala que el té y las infusiones elaboradas a base de plantas son la segunda bebida más consumida en el mundo, superadas únicamente por el agua. El autor afirma que el 30% del peso seco de las hojas corresponde a los compuestos fenólicos. Rice (1996) señala que el 23.4% de la actividad antioxidante observada para los extractos secos de las plantas se debe principalmente a la presencia de catequinas.

No obstante, es necesario considerar que la cantidad de flavonoides presentes en los extractos acuosos depende en gran medida del tipo de planta utilizada y el modo de preparación del extracto (González, 2003).

Los flavonoides ejercen efectos protectores frente a patologías tales como diabetes mellitus, cáncer, cardiopatías, infecciones víricas, úlceras e inflamaciones, además de sus acciones antioxidante, antimicrobiana, y hemoprotectora (Saskia *et al.*, 1998). Por esta razón, Escamilla *et al.* (2009) sostiene que los flavonoides deben ser incorporados al grupo de los nutrientes esenciales, a una dosis de 23 mg/día, siendo el té y las infusiones, las fuentes principales de flavonoides. En la Tabla 14 se reportó el contenido de polifenoles en bebidas de uso frecuente.

Tabla 14. Contenido de polifenoles en algunas bebidas.

Bebida	Polifenoles (mg/L)
Jugo de manzana	2-16
Jugo de naranja	370-7100
Taza de té negro	150-210
Taza de café	200-550
Chocolate	12-18
Vino blanco	200-3000
Vino rojo	1000-4000
Cerveza	60-100

Fuente: Castillo, E.J.F. (2011).

El contenido fenólico encontrado en los extractos frescos y secos de las plantas de estudio, es superior a algunas de las bebidas mostradas en la Tabla 14 (jugo de manzana, café, chocolate, té, entre otros). Por esta razón, los datos arrojados en esta investigación podrán contribuir a variar la frecuencia en el consumo de bebidas que reportan un contenido fenólico menor que el reportado para los extractos de *O. basilicum*, *H. patens* y *J. spicigera*.

5. CONCLUSIONES

Estudios publicados recientemente han demostrado que la costumbre de tomar té o infusiones a base de plantas, es beneficiosa para la salud. Dado lo anterior, es importante que, se consuma una dieta rica en compuestos antioxidantes, que contribuya a mejorar la calidad de vida de los seres humanos.

A pesar de que son escasos los estudios realizados a plantas medicinales como *Hamelia patens, Justicia spicigera* y *Ocimum basilicum*, los conocimientos proporcionados por nuestros antepasados señalan que estas plantas poseen compuestos bioactivos capaces de ejercer actividades antimicrobianas y anticancerígenas, mismas que ya han sido comprobadas. Ahora, se evaluó su efectividad como antioxidante, y los resultados encontrados son más que satisfactorios, pues además de que las infusiones de albahaca, madura plátano y mohuite, ejercen beneficios antioxidantes, también contribuyen a la prevención de algunas patologías asociadas al estrés oxidativo, como la diabetes mellitus, el cáncer y las enfermedades cardiovasculares.

El extracto seco que reportó un mayor contenido fenólico fue *O. basilicum* (2192.74 mg EAG/L), seguido por *H. patens* y *J. spicigera* (963.16 y 442.71 mg EAG/L, respectivamente). En cambio de los extractos frescos, la planta que obtuvo más polifenoles fue *H. patens* (476.61 mg EAG/L) continuando con *J. spicigera* (442.71 mg EAG/L) y por último, *O. basilicum* (167.30 $\pm$ 3.34 mg EAG/L).

La actividad antioxidante más alta fue reportada por el extracto seco de *H. patens* (23.23 D.O.$^{-3}$/min/mg$_{m.s}$), seguido por *O. basilicum* (10.38 D.O.$^{-3}$/min/mg$_{m.s}$) y *J. spicigera* (0.21 D.O.$^{-3}$/min/mg$_{m.s}$). Estos resultados se obtuvieron a 5 (*H. patens* y *O. basilicum*) y 8 (*J. spicigera*) minutos de infusión. Por lo cual, se concluye que se obtendrán mejores beneficios antioxidantes (antimutagénica, anticancerígena y antienvejecimiento) tras la ingesta de infusiones elaboradas a base de hojas secas de *H. patens*.

6. BIBILIOGRAFÍA

Alarcón G.R. (1984). Etnobotánica de los Quichuas de la amazonia Ecuatoriana. Universidad Católica del Ecuador. Quito, Ecuador.

Albornoz A. (1980). Productos Naturales: Sustancias y drogas extraídas de plantas, Ediciones de la Universidad Central de Venezuela, Caracas.

Ames B.N., Shigenaga M.K., Hagen T.M. (1993). Oxidants, antioxidants and the degenerative disease of aging. *Proc Natl Acad Sci.* 90:7915-22.

AOAC. (1995). Official methods of analysis (16th ed.). Arlington, VA: Association of Official Analytical Chemists.

Avello M. y Suwalsky M. (2006). Radicales libres, estrés oxidativo y defensa antioxidante celular. Facultad de Ciencias Químicas, Universidad de Concepción.

Bailly C., Bouteau H.E.M., y Corbineau F. (2008). From intracellular signaling networks to cell death: the dual role of reactive oxygen species in seed physiology. C. R. Biologies. 331: 806-814.

Balasundram N., Yew Ai T., Sambanthamurthi R., Sundram K. y Saman S. (2005). Antioxidant properties of palm fruit extracts. Asia Pac, *Journal of Clinical Nutrition.* 4 (4): 319-324.

Baolu Z. (2001). Free radical reaction of green tea polyphenols. *Micronutrients and Health*, AOCS. Press, Champaign, Illinois, 60-73.

Barnes S. (1995). Effect of genistein on *in vitro* and *in vivo* models of cancer, *Journal of Nutrition.* 125: 777S-783S.

Beckman K. y Ames B. (1998). The free radical theory of aging matures. *Physiologycal Reviews.* 78: 547-581.

Benzie I.F.F. y Strain J.J. (1996). The ferric reducing ability of plasma (FRAP) as a measure of "antioxidant power": the FRAP assay. *Analytical Biochemistry.* 239(1): 70-76.

Boluda C.J., Duque B., Gulyas G., Aragon Z., Diez F. (2005). Lignanos: actividad farmacológica. *Revista Fitoterapia.* 5(2): 135-147.

Braca A. (2008). Estudio químico biológico de plantas medicinales – Flora Ecuatoriana. Curso teórico dictado en la Escuela Politécnica del Ejército.

Brand-Williams W., Cuvelier, M.E., y Berset C. (1995). Use of a free radical method to evaluate antioxidant activity. *Lebensmittel Wissenschaft und Technologie.* 28, 25–30.

Bravo L. (1998). Polyphenols: chemistry, dietary sources, metabolism and nutritional significance. *Nutr. Rev.* 56: 317-333.

Can M.E.M. (2007). Tesis: Tamizaje antibacteriano *in vitro* de los extractos etanólicos de las hojas y raíces de especímenes de *Valeriana prionophylla* Standl procedentes de 3 regiones del altiplano guatemalteco. Universidad de San Carlos de Guatemala. Facultad de Ciencias Químicas y Farmacia.

Carretero A.M.E. (2000a). Compuestos fenólicos: Sikimatos (II). Plantas medicinales. *Panorama Actual Med.* 24 (233) 432 – 435.

Carretero A.M.E. (2000b) Compuestos fenólicos: Sikimatos. Plantas medicinales. *Panorama Actual Med.* 24 (232) 340 – 344.

Carretero A.M.E. (2000c). Compuestos fenólicos: Quinonas. Plantas medicinales. *Panorama Actual Med.* 24 (236) 778 – 782.

Cáceres C.J., Garza F.A., Cant M.T., Mendoza M. y Chávez G.M.A. (2001). Los radicales libres, estrés oxidativo y los antioxidantes en la salud humana y las enfermedades. *J. Am. Oil Chem.* Soc. 75: 199-212.

Cáseres A. (1993). Plantas de uso medicinal en Guatemala. Ciudad de Guatemala. Editorial Universidad San Carlos. 1:402.

Castañeda C.B., Ramos L.E., e Ibáñez V.L. (2008). Evaluación de la capacidad antioxidante de siete plantas medicinales peruanas. *Revista Horizonte Médico.* 8 (1).

Castillo E.J.F. (2011). Propiedades antioxidantes de la cáscara de litchi (*Litchi chinensis Sonn*). Director: María Luisa Carrillo Inungaray y Abigail Reyes Munguía. Unidad Académica Multidisciplinaria Zona Huasteca, UASLP.

Céspedes C.T., y Sánchez S.D. (2000). Algunos aspectos sobre el estrés oxidativo, el estado antioxidante y la terapia de suplementación. Instituto de Cardiología y Cirugía Cardiovascular. *Revista Cubana de Cardiología.* 14(1):55-60.

Cevallos F., y Sergio R.S. (1998). Las plantas con flores. México. Ed. Ciencias. Pp. 52-57.

Chance B., Sies H. and Boveris A. (1979). Hydroperoxide metabolism in mammalian organs. *Physiol Rev.* 59, 527-605.

Chariandy C. M. *et al.* (1999). Screening of medicinal plants from Trinidad y Tobago for antimicrobial and insecticidal properties. *Journal of Ethnopharmacology.* 64: 265-270.
Chaudhuri P.K., Thakur R.S. (1991). *Hamelia patens*: a new source of ephedrine. *Planta Medica.* 57:199-200.

Circu M.L., Aw T.Y. (2010). Reactive oxygen species, cellular redox systems, and apoptosis. *Free Radic Biol Med.* 48(6):749-762.

Coinu R., Carta S., Urgeghe P.P., Mulinacci N., Pinelli P., Franconi F., Romani A. (2007). Dose-effect study on the 70 antioxidant properties of leaves and outer bracts of extracts obtained from Violetto di Toscana artichoke. *Food Chemistry.* 101 524-531.

Cowan M.M. (1999). Plant products as antimicrobial agents. Clinical microbiology reviews. 12(4): 564 – 582.

Craig W.J. (1999). Health-promoting properties of common herbs. *Am. J. Clin. Nutr.* 70: 491S-499S.

Dineley K.E., Richards L.L., Votyakova T.V., and Reynolds I.J. (2005). Zinc causes loss of membrane potential and elevates reactive oxygen species in rat brain mitochondria. Mitochondrion. 5: 55-65.

Diplock A. (1991). Antioxidant nutrients and disease prevention: an overview. *Am. J. Clin. Nutr.* 53:S189-93.

Domínguez X.A., Achenbach H., González C. y Ferré D.A. (1990). Las fuentes de antioxidantes fenólicos naturales. Tendencias de la Alimentación. *Ciencia y Tecnología.* 17: 505-512.

Domínguez X.A. (1973). Métodos de investigación fitoquímica. Primera edición. México: Editorial Limusa, S.A. 42-46.

Dueñas R.J.C. (2009). Tesis: Extracción y caracterización de principios activos de estructura fenólica con propiedades antioxidantes y antibacterianas, a partir de residuos del procesamiento de alcachofas. Escuela Politécnica Del Ejército. Sangolquí, Ecuador.

Duke J. (2007). Dr. Duke's phytochemical and ethnobotanical database *Hamelia patens.* P. 399.

Duthie G.G., Duthie S.J. and Kyle J.A.M. (2000). Plant polyphenols in cancer and heart disease: implications as nutritional antioxidants. *Nutrition Reseach Reviews.* 13:79-106

Duthie G.G., Pedersen M.W., Gardner P.T., Morice P.C., Jenkinson A.M.E., McPhail D.B. and Steele G.M. (1998). The effect of whisky and wine consumption on total phenol content and antioxidant capacity of plasma from healthy volunteers. *Eur J Clin Nutr.* 52:733-736

Edeoga H.O., Okwo D.E. y Mbaebie B.O. (2005). Phytochemical constituents of some nigerian medicinal plants. *Afr. J. Biotechnol.* P.M.B 7267. State, Nigeria.

Einbon L.S., Reynertson K.A., Dong Luo X., Basile M.J., y Kennelly E.J. (2004). Anthocyanin antioxidants from edible fruits. *Food Chemistry.* 84 23-28.

Enciso A. J. (2004). Producción y comercialización de plantas aromáticas y especies desecadas. Disponible en http://www.almeriscan.com/ápices/default.htm.27oct.ISO 9001.

Escamilla J.C.I., Cuevas M.E.Y. y Guevara F.J. (2009). Flavonoides y sus acciones antioxidantes. *Rev Fac Med.* UNAM. 52(2). *Medigraphic Artemeni Isínae.*

Euler K.L. y Alam M. (1982). El aislamiento de kaempferitrin de *Justicia spicigera. J. Nat.* 220-222.

Expósito L.A., Kokoszka J.E., Waymire K.G. (2000). Mitochondrial oxidative stress in mice lacking the glutathione peroxidase-1 gene. *Free Radic Biol Med.* 28(5):754-66.

Fang Y.Z., Yang S., Wu G. (2002). Free radicals, antioxidants and nutrition. *Nutrition.* 18:872-879.

Ferguson L.L.R. (2001). Role of plant polyphenols in genomic stability. Mutation Research/Fundamental and Molecular Mechanism or mutagenesis. 475 (1-2): 89-111

Flores M.D.A., Sandoval C.J., Valdivia U.B.A., y González C.N. (2010). Uso de técnicas electroquímicas para evaluar el poder antioxidante en alimentos. *Investigación y Ciencia.* 18(49) 20-25.

Fonnegra G., Fonnegra R., Jiménez R. (2007). Plantas medicinales aprobadas en Colombia. Colombia: Universidad de Antioquia Editores. (12) 35.

Foster B.C., Arnason J.T., and Briggs C.J. (2005). Natural health products and drug disposition. *Annual Review of Pharmacology and Toxicology.* 45:203-226

García L.A., Vizoso P.A., Ramos R.A., y Piloto J. (2000). Estudio toxicogenético de un extracto fluido de *Ocimun Basilicum L.* (albahaca blanca). *Rev Cubana Plant Med.* 5(3):78-83.

García L.C., Martínez R.A., Ortega S.J.L., y Castro B.F. (2010). Componentes químicos y su relación con las actividades biológicas de algunos extractos vegetales. *Química Viva.* 9(2) 86-96.

Gimeno C. E. (2004). Compuestos fenólicos: un análisis de sus beneficios para la salud. *Ámbito Farmacéutico Nutrición.* 23(6).

Gomez-Beloz A., Rucinski J.C., Balick M.J., y Tipton C. (2003). Double incision wound healing bioassay using *Hamelia patens* from El Salvador. *J. Ethnopharmacol.* 88: 169-173.

González M.E. (2003). El efecto quimioprotector del té y sus compuestos. Department of Food Science and Human Nutrition. University of Illinois, Urbana-Champaign. 53(2).

Gutteridge J. y Halliwell B. (1999). Reactive oxygen species in biological systems, pp. 189-218, New York, USA. D.L. Gilbert and C.A. Colton, eds.

Halliwell B., y Gutteridge J.M.C. (1999). Free radicals in biology and medicine. 3° ed. Oxford University Press, New York.

Halliwell B., y Whiteman M. (2004). Measuring reactive species and oxidative damage in vivo and in cell culture: how should you do it and what do the results mean? *Br. J. Pharmacol.* 142:231- 255.

Harvey A. (2000). Strategies for discovering drugs from previously unexplored natural products. Drug Discovery Today 5(7): 294-300.

Haslam E. (1998). Practical polyphenols: from structure to molecular recognition and physiological action. Cambridge, Cambridge University Press.

Helyes L., y Lugasi A. (2006). Formation of certain compounds having technological and nutritional importance in tomato fruits during maturation. *Acta alimentaria.* 35 (2): 183-93.

Herman C.H., Adlercreutz B. R., Goldin S.L., Gorbach K.A.V., Höckerstedt y Watanabe S. (1995). Soybean phytoestrogen intake and cancer risk. *J. Nutr.* 125: 757S-770S.

Jaramillo C.B., Tirado I., y Julio J. (2010). Análisis de compuestos volátiles y semivolátiles en aceites esenciales de *Ocimum micranthum willd* y *Triphasia triflora* recolectadas en diferentes zonas del departamento de Bolívar y determinación de su actividad antioxidante. XXIX Congreso latinoamericano de química. Universidad de Cartagena.

Jiang J. (2001). Biochemical engineering of the production of plant-specific secondary metabolites by cell suspension cultures. *Advances in Biochemical Engineering/Biotechnology*, Vol.72.

Jonsson L. (1991). Thermal degradation of carotenoids and influence on their physiological function. In Nutritional and toxicological consequences of food processing. Pp. 75–82.

Lampe J.W. (1999). Health effects of vegetables and fruit: assessing mechanisms of action in human experimental studies. *Am J Clin Nutr.* 70:475S-490S.

Laurin D., Masaki K.H., Foley D.J., White L.R., y Launer L.J. (2004). Midlife dietary intake of antioxidants and risk of late-life incident dementia: the Honolulu-Asia aging study. *American Journal of Epidemiology.* Pp. 959-967.

Lee J., Koo N., y Min D.B. (2004). Reactive oxygen species, aging and antioxidative nutraceuticals. Comprehensive Reviews in Food Science and Food Safety. 3:21-33.

Lee J., Kim H., Kim J., y Jang Y. (2002). Antioxidant property of an ethanol extract of the stem of *Opuntia ficus-indica* var. Saboten. *J. Agric. Food. Chem.* 50:6490-96.
Letelier M.E., Müller S., Aracena-Parks P., y Pimentel A. (2010). Antioxidant properties of a dry product from *Vitis vinifera* seeds (Leucoselect) in rat liver endoplasmic reticulum. Boletín Latinoamericano y del Caribe de Plantas Medicinales y Aromáticas. 9(4):277-286.

Letelier M.E., Cortes J.F., Lepe A.M., Jara J.A., Molina-Berríos A., Rodríguez P., Iturra-Montecinos P., y Faúndez M. (2009). Evaluation of the antioxidant properties and effects on the biotransformation of commercial herbal preparations using rat liver endoplasmic reticulum. Boletín Latinoamericano y del Caribe de Plantas Medicinales y Aromáticas. 8 (2), 110–120.

Li H., Wang X., Li Y., Li P., y Wang H. (2009). Polyphenolic compounds and antioxidant properties of selected China wines. *Food Chem.* 112: 454-460.

Lopera C.I.A., y Velásquez B.C.D. (2009). Tesis: Actividad ictiotóxica de extractos polares y apolares de algunas especies de los géneros Miconia, Clidermia (*Melastomataceae*) y Palicourea, Hamelia (*Rubiaceae*). Universidad Tecnológica de Pereira. Facultad de Tecnología.

López R.R., y Echeverri F. (2007). ¿Son seguros y efectivos los antioxidantes? *Scientia Et Technica*. XII(033)41-44. Universidad Tecnológica de Pereira Colombia.

Katalinic V., Milo M., Kulisic T., y Jukic, M. (2006). Fitoquímicos fenólicos principales y las actividades antioxidantes de tres plantas medicinales chinas. *Food Chem*. 103: 749-756.

Kawada N., Seki S., Inoue M., y Kuroki T. (1998). Effect of antioxidants, resveratrol, quercetin and N-acetylcysteine, on the functions of cultured rat hepatic stellate cells and kupffer cells. *Hepatology*. 27: 1265-1274.

Kowaltowski A.J., de Souza-Pinto N.C., Castillo R.F., y Vercesi A.E. (2009). Mitochondria and reactive oxygen species. *Free Rad Biol & Med* 47: 333-343.

Kuskoski E.M., Asuero A.G., y Troncoso A.M. (2005). Aplicación de diversos métodos químicos para determinar la actividad antioxidante en pulpa de frutos. *Ciênc. Tecnol. Aliment*. Campinas. 25(4): 726-732.

Kuskoski E.M., Asuero A.G., y Troncoso, A.M. (2004). Actividad antioxidante de pigmentos antociánicos. *Rev. Bras. Cienc. Tecnol. Aliment*. Campinas. 24 (4): 691-693.

Maestro D.R. y Borja P.R. (1993). Actividad antioxidante de los compuestos fenólicos. Instituto de la Grasa y sus Derivados (C.S.I.C). Apartado 1078. 41012 - Sevilla. España.

Malone W. F. (1991). Studies evaluating antioxidants and beta-carotene as chemopreventives. *Am. J. Clin. Nutr.*, 53 (S): 305-313.

Malterud K. E., Oanh D. H., y Sund R. B.(1996). C-Methylated dihydrochalcones from *Myrica gale L.*: Effects as antioxidants and scavengers of 1,1-diphenyl-2-picrylhydrazyl, *Pharmacol. Toxicol*. 78: 111-116.

Manzocco L., Anese M., Nicoli M.C. (1998). Antioxidant properties of tea extracts as affected by processing. *Lebensmittel Wissenschaft und Technologie*. 3, 694-698.

Martínez F.S., Gonzales G.J., Culebras J.M., Tuñón M. (2002). Los flavonoides: propiedades y acciones antioxidantes. *Revista Nutrición Hospitalaria*. 17:271-278, Universidad de León, España.

Martínez T.M., Jiménez A.M., Ruggieri, S., Frega N., Strabbioli R., y Murcia M.A. (2001). Antioxidant properties of mediterranean spices compared with common food additives. *J. Food Protect.* 64: 1019-1026.

Martínez M. (1996). Las plantas medicinales de México. Ed. Botas. Sexta edición. México. P. 646-647.

Martínez M. (1992). Las plantas medicinales de México. Ed. Botas. Sexta edición. México. P. 655-662.

Márquez C., Rodríguez B.E., y Mata R. (1999). Proyección de 70 extractos de plantas medicinales para la capacidad antioxidante y fenoles. *Food Chem*. 94:550-557.

Mata S. (2011). Atlas de las plantas de la medicina tradicional mexicana. Biblioteca digital de la medicina tradicional mexicana de la Universidad Nacional Autónoma de México. Consultado el 9 de octubre de 2011. [En línea] http://www.medicinatradicionalmexicana.unam.mx/monografia.php?l=3&t=&id=775.html.

Mathews S. y Abraham E. (2006). *In vitro* antioxidant activity and scavenging efects of *Cinnamomum verum* leaf extract assayed by diferent methodologies. *Food and Chemical Toxicology*. 44: 198–206.

Mathiesen L., Malterud K.E., y Sund R.B. (1995). Antioxidant activity of fruit exudate and C-methylated dihydrochalcones from *Myrica gale L. Planta Med.* 61: 515-518.

Mazza G. (2000). Alimentos funcionales. Aspectos bioquímicos y de procesados. Ed. Acribia. P. 201-203.

Meltzer H.M., y Malterud K.E. (1997): Can dietary flavonoids influence the development of coronary heart disease?. *Scan. J. Nutr.* 41: 50-57.

Merz-Demlow B., Duncan A., y Wangen K. (1999). Soy isoflavones improve plasma lipids in normocholesterolemic, premenopausal women. *Am. J. Clin. Nutr.* 71: 1462-1469.

Meydani, M. (2001). Nutrition interventions in aging and age-associated disease in Annals of the New York Academy of Sciences. 928: 226-235.

Montes B.R., Cruz C.V., Martínez M.G.; Sandoval G.G., García L.R., Zilch D.S., Bravo L.L., Bermúdez T.K., Flores M.H.E. y Carvajal M.M. (2000). Propiedades antifúngicas de plantas superiores. Análisis retrospectivo de investigaciones, *Revista Mexicana de Fitopatología.* 18 (002) 125-131.

Muñoz A.M., Ramos-Escudero F., Alvarado-Ortiz C., Castañeda B. (2007a). Evaluación de la capacidad antioxidante y contenido de compuestos fenólicos en recursos vegetales promisorios. *Rev Soc Quím.* (3) 142- 149.

Muñoz A., Patiño J.G., Cárdenas C.Y., Reyes J.A., Martínez J.R., Stashenko E.E. (2007b). Composición química de extractos obtenidos por destilación/extracción simultánea con solventes de hojas e inflorescencias de nueve especies y/o variedades de albahacas (*Ocimum spp*). *Revista Scientia Et Technica.* 13 (033) 197-199.

Murcia M.A., Jiménez A.M., Martínez T.M., Vera A.M., Honrubia M., y Parras P. (2002). Antioxidant activity of Truffles and Mushrooms. Losses during industrial processing. *J. Food Protect.* 65: 1614-1622.

Murillo E., Fernández K., Sierra D.M., y Viña A. (2004). Caracterización físico-química del aceite esencial de albahaca. *Revista Colombiana de Química.* 33 (2).

Naczk M, Shahidi F. (2006). Phenolics in cereals, fruits and vegetables: Occurrence, extraction and analysis. *J Pharm Biomed Anal.* 41(5): 1523–1542.

Navarro C. (2000). Uso racional de las plantas medicinales. *Pharm Care Esp.* 2:9-19.

Nijveltd R.J., Van Nood E., Van Hoorn D.E.C., Boelens P.G., Van Norren K., Van Leewen P.A.M. (2001). Flavonoids: a review of probable mechanisms of action and potential applications. *The American Journal of Clinical Nutrition.* 74 (4):418-425.

Pahlow M. (1985). El gran libro de las plantas medicinales. Salud a través de las fuerzas curativas de la naturaleza. 5ta ed. España, Everest S.A. Pp. 418-421.

Paladino S.A. (2008). Tesis: Actividad antioxidante de los compuestos fenólicos contenidos en las semillas de la Vid (*Vitis vinifera l.*). Universidades Nacionales de Cuyo, La Rioja, San Juan y San Luis. Facultad de Ciencias Agrarias – UNCuyo.

Palencia M.Y. (1999). Tesis: Sustancias bioactivas en alimentos. Universidad de Zaragoza, España.

Pedersen C.B., Kyle J., Jenkinson A.M.E., Gardner P.T., McPhail D.B., Duthie G.G. (2000). Effects of blueberry and cranberry juice consumption on the plasma antioxidant capacity of healthy female volunteers. *Eur J Clin Nutr.* 54:405-408.

Pineda D., Salucci M., Lázaro R., Maiani G., Ferru-Luzzi A. (1999). Capacidad Antioxidante y Potencial de Sinergismo Entre los Principales Constituyentes Antioxidantes de Algunos Alimentos. *Rev Cubana Plant Med.* 13:104-11.

Pitman N. y Jorgensen P. (2002). Estimating the size of the world's threatened flora. *Science* 298(5595): 989.

Ponce M., González J.R., De la Mora J.I., González M.A., Robles R. y Martínez G. (2001). El daño oxidativo al ADN y el estado antioxidante en el envejecimiento y las enfermedades relacionadas con la edad. *Acta Biochim.* 11-26.

Prior R.L., Wu X., and Schaich K. (2005). Standardized methods for the determination of antioxidant capacity and phenolics in foods and dietary supplements. *Journal of Agricultural and Food Chemistry.* 53(10): 4290-4302.

Prior R.L. (2003). Fruits and vegetables in the prevention of cellular oxidative damage. *Am J Clin Nutr.* 78:570S-578S.

Proestos C., Chorianopoulos N., Nychas G.J.E., and Komaitis M. (2005). RP- HPLC analysis of the phenolic compounds of plant extracts. Investigation of their antioxidant capacity and antimicrobial activity. *J. Agric. Food Chem.* 53:1190-1195.

Ramos I.M.L., Batista G.C.M., Gómez M.B.C., y Zamora P.A.L. (2006). Diabetes, estrés oxidativo y antioxidantes; Investigación en salud. Universidad de Guadalajara, Guadalajara, México VIII (001) 7-15.

Rates S. (2001). Plants as source of drugs. *Toxicon.* 39: 603 – 613.

Raybaudi-Massilia R., Soliva F.R., Martín B.O. (2006). Uso de agentes antimicrobianos para la conservación de frutas frescas y frescas cortadas. I Simposio Ibero-Americano de Vegetales Frescos Cortados, San Pedro, SP Brasil: pp. 15-21 74.

Reyes M.A.; (2012); Tesis: Evaluación de la capacidad antioxidante del Neem (*Azadirachta indica*). Director: Abigail Reyes Munguía. Unidad Académica Multidisciplinaria Zona Huasteca, UASLP.

Reyes M.A., Azuara N.E., Beristain C.I., Cruz S.F., y Vernon C. (2009). Propiedades antioxidantes del Maguey morado (*Rhoeo discolor*). CyTA *Journal of Food.* 7 (3) 209-216.

Ríos M.Y. y Aguilar G.A.B. (2006). Alcaloides indólicos, terpenos, esteroles y flavonoides de las hojas de *Hamelia patens* Jacquin (*Rubiaceae*). *Rev Cubana Plant Med.* 11 (1).

Rhodes M.J.C. (1998). Physiological roles of phenolic compounds in plants and their interactions with microorganisms and humans. INRA Polyphenols 96, pp.13-30.

Rice E.C.A. y Miller N.J. (1996). Antioxidant activities of flavonoids as bioactive components of foods. *Biochem. Soc. Trans.* 20:790-795.

Robbins R. (2003). Phenolic acids in foods: an overview of analytical methodology. *J. Agric. Food Chem.* (51) 2866-2887.

Sacchetti G., Medici A., Maeitti S., Radice M., Muzzoli M., Manfredini S., Braccioli E., y Bruni, R. (2004). Composition and functional properties of the essential oil of Amazonian basil, *Ocimum micranthum* willd., *Labiatae* in comparison whit commercial essential oils. *Jour. Agri. Food Chem.* 52:3486-3491.

Sánchez G.E., Leal L.I.M., Fuentes H.L., y Rodríguez F.C.A. (2000). Estudio farmacognóstico de *Ocimum Basilicum L.*, (albahaca blanca). *Rev Cubana Farm.* 34(3):187-95.

Sánchez-Moreno C. (2002). Methods used to evaluate the free radical scavenging activity in foods and biological systems. *Food Sci Tech Int.* 8:121-137.
Saskia A.B.E., Van Accker y Bast A.A.L.T. (1998). Structural Aspects of Antioxidant Activity of Flavonoids. En: *Flavonoids in health and Disease.* 9:221-251.

Sawadogo W.R., Meda A., Lamien C.E., Kiendrebeogo M., Guissou I.P., y Nacoulma O.G. (2006). Actividad antioxidante y compuestos fenólicos de las acelgas (-*vulgaris* subespecie *Cycla*) las oleorresinas. *Food Chem.* 85: 19-26.

Scheiber M., Liu J., Subbiah M., Rebar R., y Setchell K. (2001). Dietary soy supplementation reduces LDL oxidation and bone turnover in healthy post-menopausal women. Menopause. 8: 384-392.

Schlesier K, Harwat M, Böhm V, Bitsch R. (2002). Assessment of antioxidant activity by using different in vitro methods. *Free Rad Res.* 36:177-187.

Sepúlveda G., Reina C., Chaires L., Bermudez K., y Rodríguez M. (2009). Antioxidant activity and content of phenolic and flavonoids from *Justicia spicigera*. *Journal of Biological Sciences.* 9(6):629-632.

Sichel G., Corsaro C., Scalia M., De Bilio A J., y Bonomo R.P. (1991). *In vitro* scavenger activity of some flavonoids and melanins against O_2. *Free Rad. Biol. Med.* 11:1-8.

Sies H. (1997). Oxidative Stress: oxidants and antioxidants. *Experimental Physiology.* 82: 291-295.

Singleton V.L., Orthofer R., y Lamuela-Raventos R.M. (1999). Analysis of total phenols and other oxidation substrates and antioxidants by means of folin-ciocalteau reagent. *Methods in Enzymology.* Pp. 152–178.

Singleton V.L., Rossi J.A.J. (1965). Colorimetry of total phenolics with phosphomolybdicphosphotungstic acid reagents. *Am J Enol Vitic.* 16:144-158.

Stampher M.J., Hennekens C.H., Manson J.E., Colditz G.A., Rosner B., y Willett W.C. (1993). Vitamin E consumtion and the risk of coronary disease in women. *N Engl J Med.* 328:1444-9.

Stevens W.D., Ulloa U., Pool A., y Montiel O.M. (2001). Flora de Nicaragua. Missouri Botanical Garden Press. 85(3): 2427–2428.

Strack D. (1997). Phenolic metabolism. Eds., *Plant Biochemistry.* Academic, San Diego, C.A. pp. 387-416.

Sun J, Chu YF, Wu X, Liu RH. (2002). Antioxidant and antiproliferative activities of common fruits. *J Agric Food Chem.* 50:7449-7454.

Surveswaran S., Cai Y.Z., Corke H. y Sol M. (2007). Mejora de eleuterósidos producción en cultivos embriogénicos de *Eleutherococcus sessiliflorus* en respuesta a la sacarosa inducida por estrés osmótico. *Proceso Biochem.* 41: 512-518.

Turkmen N., Sari F., y Velioglu Y.S. (2005). Tesis: Effects of extraction solvents on concentration and antioxidant activity ob black and black mate tea polyphenols determined by ferrous tartrate and Folin-Ciocalteau methods. Ankara University, Faculty of Engeneering, Department of Food Engeenering, Ankara, Turkey.

Turrens J. (1994). Fuentes intracelulares de especies oxidativas en condiciones normales y patológicas. Antioxidantes y Calidad de Vida. 1:16-9.

Valenzuela A. (1999). Tesis: Estrés oxidativo, una enfermedad de nuestro tiempo: El beneficio de la suplementación de la dieta con sustancias antioxidantes. *Reumatología.* 16(2):57-66.

Vanaclocha B., y Cañigueral S. (2003). Fitoterapia Vademecum de Prescripción 4° Edición, Ed. Masson, España. pp. 97-98.

Vásquez C.A., Cala M.M., Miranda I., Tafurt G.G., Martínez M.J., Stashenko S.S. (2007). Actividad antioxidante y contenido total de fenoles de los extractos etanólicos de *Salvia aratocensis, Salvia Sochensis, Bidens reptons y Montanoa ovalifolia; Scientia et Technica*. 13(33): 205-208.

Vega G., Escandón M., Soto R. y Mendoza A. (2010). Instructivo técnico del cultivo de la albahaca (*Ocimun basilicum* L.). Pp. 5-6.

Venereo G.J.R. (2002). Daño oxidativo, radicales libres y antioxidantes. *Rev Cub Med Mil*. 31(2): 126-133.

Villaseñor R., J.L. y F.J. Espinosa G. (1998). Catálogo de malezas de México. Universidad Nacional Autónoma de México.

Vovides A.P. (1977). Tesis: Colorantes vegetales. Instituto Nacional de Investigadores sobre Recursos Bióticos, Xalapa, Ver.

Wade Jr., L.G. (2004). Química Orgánica. 5ta edición. Ed. Pearson Education S.A. Madrid, España. Pp. 2266-2270.

Winthrop B.P., Simon J.E. (1998). Shoot regeneration of young leaf explants from basil (*Ocimum basilicum* L.), *In Vitro Cell*. Dev. Biol. Plant Largo. 36: 250-254.

Wollgast J. y Anklam E.; (2000): Polyphenols in chocolate: is there a contribution to human health?. Food Res Interna. 33: 449-459.

Yoshida T., Ito H., and Isaza Martínez J.H. (2005). Pentameric ellagitannin oligomers in melastomataceous plants chemotaxonomic significance. Phytochemistry. 66(17): 1972-1983.

Zamora N., González J., y Poveda L.J. (1999). Árboles y arbustos del Bosque Seco de Costa Rica. Instituto Nacional de Biodiversidad, Costa Rica. (2) 34-37.

ANEXO I. CURVA DE CALIBRACIÓN CON ÁCIDO GÁLICO

**CURVA DE CALIBRACION
FOLIN CIOCALTEAU - ACIDO GALICO
ENERO, 2012**

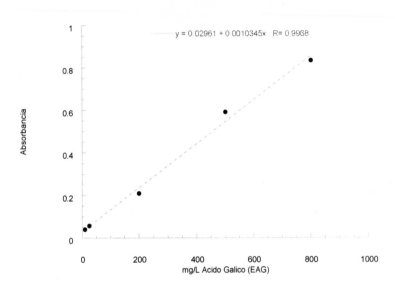

CPSIA information can be obtained
at www.ICGtesting.com
Printed in the USA
LVOW08s1758230517
535559LV00004B/866/P